6·7·8
S⁺ Style

678 S$^+$ Style

첫째판 1쇄 인쇄 2014.06.10
첫째판 1쇄 발행 2014.06.17

지 은 이 이진하, 샤샤킴, 정운
발 행 인 이혜미
기　　획 전지영
편　　집 최서예
스튜디오 ZIP 스튜디오

발행처 ㈜영림미디어
주소 (121–894) 서울 마포구 서교동 375–32 무해빌딩 2F
전화 (02)6395–0045 / 팩스 (02)6395–0046
등록 제2012–000356호(2012.11.1)

이 도서의 국립중앙도서관 출판예정도서목록(CIP)은 서지정보유통지원시스템 홈페이지(http://seoji.nl.go.kr)와 국가자료공동목록시스템(http://www.nl.go.kr/kolisnet)에서 이용하실 수 있습니다. (CIP제어번호 : CIP2014017793)

ISBN 979–11–85834–01–6
정가 17,000원

6·7·8 S⁺ Style

이진하 | 샤샤킴 | 정운 지음

YRM 영림미디어

"여자의 몸은 변한다."

여자의 몸은 필요에 의해 살을 뺄 수도 있고 찌울 수도 있다.

흔히들 몸이 명품이면 어떤 옷을 입어도 명품다워진다는 말이 있다. 그래서 모든 여성은 변신하고 싶어한다.

"예뻐지고 싶다."라는 결심이 생기면 여자들은 제일 먼저 다이어트를 생각하게 된다. 어쩌면 지금 이 순간 가장 필요한 것은 옷보다 몸의 변화가 우선일 수도 있다. 그래서인지 현대 여성들은 살 빼는 것에 모든 것을 투자하기를 주저하지 않으며 집안에서 꼼짝 않고 물만 마시며 살을 빼거나, 다이어트 식품이 나올 때마다 또 다른 변화를 기대하지만 결국은 헛수고로 끝난다. 뚱뚱한 몸이 건강에 지장을 준다면 당연히 다이어트를 해야 한다. 하지만 과도하게 남들의 시선을 의식하는 것 때문에 아직도 무모한 열정과 시간을 투자한다면 이제 다른 방법을 찾아볼 때이다.

내 안의 나를 들여다보자. 나는 나에게 얼마나 많은 시간을 할애하고 투자하고 있는가? 나는 나를 얼마나 사랑하고 있는가? 혹시 나와 누군가를 원망하고 있지는 않은가?

진실과 마주할 수 없는 시대이다. 우리 한 번만 솔직해져 보자.
자신의 있는 그대로의 모습을 스스로 볼 기회가 얼마나 있을까?
옷 가게의 거짓 거울 속에 비치는 나의 모습, 핸드폰으로 셀카를 찍어도 보정된 모습으로 보관된 나의 사진들, 갑옷 같은 보정 속옷으로 감춰진 나의 몸매, 남들에게 보여주기 위해 마치 자신조차도 자신의 실제 모습을 거짓 거울 속 자신의 모습으로 착각하며 살고 있진 않을까?

한다면 해내고야 마는 대한민국의 당당한 세 여자가 뭉쳐 결국 일을 저지르고야 말았다.

사실 가장 대중적인 사이즈임에도 불구하고 모델 섭외가 어려워서 저자 세명이 직접 카메라 앞에 서게 되었고, 다수 여성들의 요구와 우리가 하지 않으면 어느 누구도 할 수 없다는 생각 하나로 책을 내게 되었다. 우리가 평상시 입는 옷으로 스타일링하여 실제적인 법칙을 알려주고 1%의 보정 작업 없이 있는 그대로의 모습을 보여주고 싶었다.

자신을 자신감 있고 당당하게 바꾸고자 한다면 무리한 다이어트가 아닌 나만의 스타일을 찾아가는 것으로 그림을 그려야 한다. 가장 중요한 것은 무모한 다이어트가 아니라 뚱뚱한 몸에 대한 열등감에 빠지지 않는 것이다. 당신은 충분히 그 자체로도 아름답다. 자신의 체형에 대해 인정했다면 자신의 리얼 체형에 맞는 모델을 찾아 스타일링, 메이크업, 헤어스타일 그리고 포즈를 당당하게 바꿔보자!

이 책의 모든 내용인 스타일링, 메이크업, 헤어스타일, 모델 포즈는 세 여자의 논의를 통해 완성되었다.
최소한의 패션스타일, 메이크업, 헤어 그리고 포즈만 바꾸어도 훨씬 날씬해 보이고 당당해질 수 있다.

우리들은 사진 촬영 후 수정 하나 없이 찍힌 우리의 모습을 보면서 부끄럽지 않았으며 오히려 이 작업을 통해 자신을 더 사랑하게 되었다. 이 책을 통해서 여러분도 스타일, 메이크업, 헤어, 포즈로 나를 나타내고 자신감을 가지는 것이 중요한 요소라는 것을 깨닫길 바란다. 우리는 이 책을 통해 아름다움이란 결코 체형이나 나이와는 무관하다는 것을 보여주고 싶었다.

독자들이여 당당해지자. 그리고 '나'를 사랑하자.

이진하, 샤샤킴, 정운

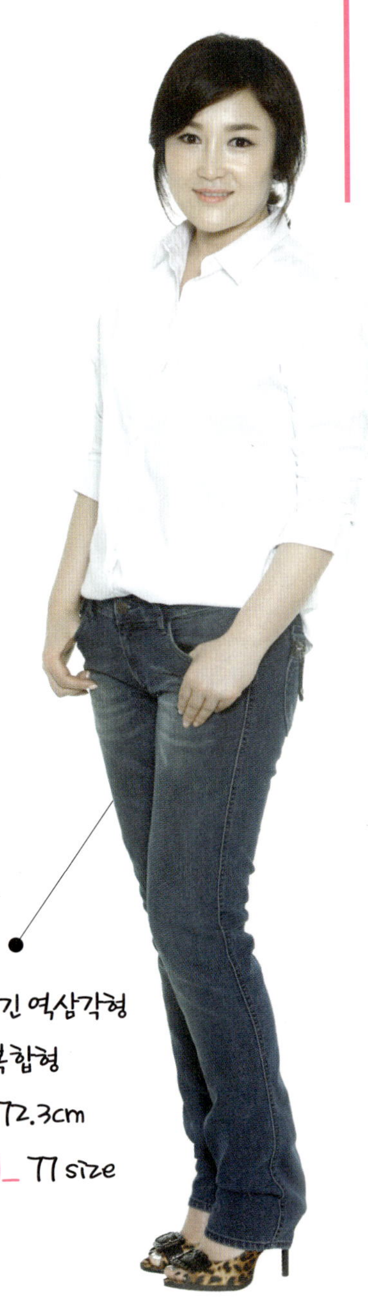
얼굴형_ 긴 역삼각형
체 형_ 복합형
신 장_ 172.3cm
상·하의_ 77 size

얼굴형_ 둥근형

체 형_ 곡선형

신 장_ 168cm

상 · 하 의_ 88 size

Chapter 1. 아름다운 나 만들기 • **109**

Chapter 2. 아름다운 몸을 위한 체크 & 스트레칭 • **115**

Chapter 3. 당당한 아름다움을 위한 바디 스타일링 • **125**

PART 01
▶ Style Making

PREMIUM
DESSERT CAFE
A TWOSOME
PLACE

SMALL INDULGENCE | DELIGHTFUL LIFE 4 SWEET TIME

A TWOSOME
PLACE
dessert cafe

Chapter 1
스타일 준비

STYLE
MAKING

모든 여성은 아름답고 당당해질 권리가 있다.

"나만의 매력으로 자신감을 갖고 당당해지세요."

많은 사람들에게 강연하고 컨설팅 해주면서 수도 없이 해주는 말이다.

하지만 되돌아오는 답은 "나만의 매력이.., 살이 쪄서요, 아직 준비가 덜 돼서요, 취직이 안 돼서요, 남자 친구가 없어서요……". 이 말은 지금의 나를 이대로 내버려 두겠다는 말 아닌가? 어떻게 하면 이들을 지금 당장 움직이게 할 수 있을까?

나도 한때 이런 고민들을 했던 적이 있다. 여성스러워질 수는 없을까? 물만 먹어도 찌는 살들은 어찌해야 하는가? 거울 앞에 서서 어떻게 하면 좀 더 날씬해보일까? 어떻게 하면 좀 더 잘 감출 수 있을까? 여성이라면 누구나 고민한다. 그 고민을 누구보다도 더 잘 알기에 이제는 살과의 전쟁에서 벗어나 현실적인 방법을 제시하고자 직접 카메라 앞에 섰다. 서점에 나와 있는 수많은 패션책, 스타일링책과 비교하고 싶지 않다. 나만의 스타일을 찾고 싶은 사람들, 나와 비슷한 취향과 생각을 가진 사람들과 공감하고 싶다.

매일 아침 무슨 옷을 입을까 고민하다 늘 입는 옷에서 벗어나질 못하고, 매번 실패하는 다이어트와 쇼핑에, 나중에 살이 빠지면 가꾸겠다는 변명은 이제 접어두자.

나에게 잘 어울리는 스타일이 무엇인지, 어떤 옷을 입어야 날씬해보이는지, 어떤 옷을 사야 하는지도 모르겠다면 지금부터 하나씩 해결해 보자. 패션에도 연습이 필요하다. 또한, 기본적으로 알아야 할 지식과 상식도 있다. 이제는 알아야 하며 알고 입어야 한다.

"같은 방법을 반복하면서 다른 결과를 원하는 것은 정신질환이다." – 아인슈타인

달라져야 한다.
컬러가 변하든 스타일이 변하든…
몸보다도 옷 잘 입는 방법을 몰라 오히려 실제보다 더 뚱뚱해 보이는 사람들이 많은 것 같다.

같은 마음으로… 조금이나마 도움이 되었으면 한다. 패션, '나'라는 존재를 찾아가는 일이다.

Are you Ready? 찾아갈 준비 되었는가?

'옷 못 입는 사람은 하느님만 도울 수 있다' –스페인 속담

Step 1. 패션 지수

✓ **해당하는 항목을 체크해 보세요~**

- ☐ 누가 만나자고 나오라고 하면 귀찮다.
- ☐ 옷을 사는데 쓰는 돈은 일단 아깝다.
- ☐ 쇼윈도우에 맘에 드는 옷을 봐도 왠지 민망해서 가게 안에 못 들어간다.
- ☐ 주변 사람들에게 모양 좀 내라는 말을 자주 듣는편이다.
- ☐ 전신 거울이 없거나 있어도 잘 안본다.
- ☐ 사계절 옷이 옷장에 섞여서 걸려 있다.
- ☐ 드라이 크리닝 맡길 옷이 거의 없다.
- ☐ 몇 년 동안 한번도 입지 않은 옷이 입는 옷보다 많다.
- ☐ 새로 산 옷이 조금 안 맞아도 바꾸러 가기 귀찮아서 그냥 둔다.
- ☐ 높은 굽의 구두는 불편해서 거의 신지 않는다.
- ☐ 옷 쇼핑은 일상적으로 하지 않고 어쩌다 한 번 작정을 하고 간다.

- ☐ 헐값에 세일을 하면 맘에 썩 들지 않아도 사게 된다.
- ☐ 집에서 입는 옷과 외출복이 잘 구분되지 않는다.
- ☐ 사람들이 명품을 사는 것은 허영심 때문이다.
- ☐ 길에서 누군가 쳐다보면 '내 외모의 어디가 잘못됐나?' 생각한다.
- ☐ 특별히 선호하는 패션 브랜드나 쇼핑몰이 없다.
- ☐ 옷이 크거나 작아도 수선하기 귀찮아서 대충 입고 다닌다.
- ☐ 세탁기에 옷을 넣을 때 세탁망을 전혀 사용하지 않는다.
- ☐ 모임이나 결혼식에 입고갈 옷이 없다.
- ☐ 옷을 잘 입는 사람들은 일단 몸매가 받쳐줘서 그렇다고 생각한다.

> ## 사랑하는 자신에게
> 이제 변신을
> 선물해 보세요. ”

체크한 항목에 **따른 진단**

0~5 당신은 이미 옷에 관심이 많고 자신만의 멋진 스타일을 갖고 있는 사람입니다!

6~10 당신은 옷을 잘 입는 편이지만, 좀더 부지런하게 노력해야겠다는 생각을 하고 계시는군요.

11-15 옷을 잘 입고 싶어도 어떻게 해야 할지 몰라 답답한 당신, 이제 실천이 필요해요.

16~20 정신없이 살다 보니 어느새 자신을 돌보지 않고 있어요.

* 천계영의 리얼변신 프로젝트 드레스코드 중에서

Step 2. 늘 입을 옷이 없는 6가지 이유

1) 반짝 유행을 쫓는다

혹시, 쇼윈도우에 디스플레이 되어 있는 대로 구매를 하고 연예인이 입은 예쁜 옷을 따라 산다면 시즌이 바뀔 때 마다 입을 옷이 없다. 나를 알고 나에게 맞는 옷이 무엇인지, 내가 좋아하는 옷이 무엇인지 알고 구매 해야 한다.

2) 질보다 양을 우선시한다

백화점 행사에 현혹되어 하나의 옷을 컬러 별로 모두 사지는 않는가?
싸다고 안 살 것까지 사지는 않는가?
집에 태그도 떼지 않은 옷들이 많지 않은가?
하나를 사더라도 제대로 된 옷을 사서 자주 입는 것이 돈을 버는 것이다.

3) 기본 아이템이 제대로 없다

컬러풀하고 무늬 있는 옷들은 많은데 매칭 할 옷들이 없다면 기본 아이템이 없는지 체크해 봐야 한다.

체크항목

– 어느 옷에든 받쳐 입기 무난한가?
– 매일 입어도 질리지 않는가?
– 내 라이프스타일, 직업과 잘 맞는가?

내 옷장에 기본 아이템이 80% 이어야 하고 매칭할 아이템이 20% 이어야 한다.
8:2 법칙을 잊지 말자!

4) 스타일에 고정관념이 있다

늘 하던 고정적인 스타일에서 벗어나면 사람들이 나만 쳐다보는 것 같고 어색해서 매장에 코디해 놓은 데로 사서 입고 다니는 게 마음이 편하다면 조금은 유연해 질필요가 있다. 나랑 비슷한 취향의 연예인이 있는가? 잡지에서 내 옷이랑 비슷한 옷을 보게 된다면 사진을 찍고 따라 입어 보자. 그러다 보면 어느 순간 나만의 스타일을 발견할 것이다. 편견을 버려야 창의력이 생긴다.

5) 유니폼, 포인트를 찾지 못한다

아침마다 옷을 고르다 허둥지둥 지각한 적이 몇 번 있는가?
단점을 가리기에만 급급한가?
나를 돋보이게 할 수 있는 5벌을 미리 세팅해 놓자.
월요일부터 금요일, 급할 때 한 벌을 입고 나갈 수 있도록
나만의 기준 옷을 마련하자는 얘기이다.
그 기준 옷이 유니폼이고, 그 유니폼이 나의 스타일이다.

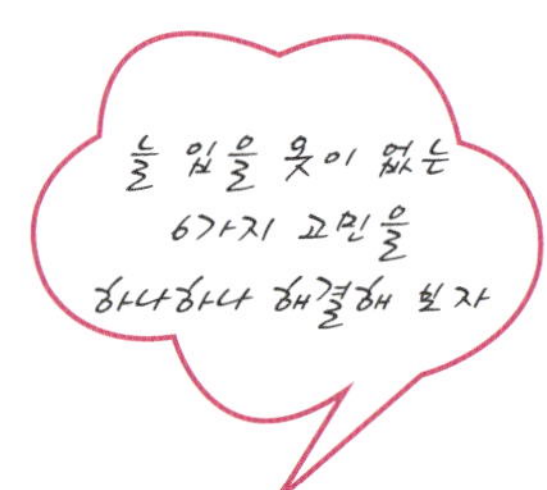

6) 액세서리가 몇 개 없다

액세서리가 많으면 훨씬 다양한 연출이 가능하다.
액세서리가 몇 개 없다면 그만큼 옷이 몇 배는 많아야
한다는 뜻이다. 단, 액세서리의 노예가 되어서는 안 된다.
내 몸과 비례해야 하며 내가 주인이라는 것을 잊지 말자.
내 얼굴 주위에 3가지 넘는 액세서리는 하지 말 것!

Step 3. 쇼핑 전 옷장 정리

나는 내가 무슨 옷을 가지고 있는지 모른다

정리가 안 되면 매일 옷을 입는 것이 지옥이다.

늘 입는 옷이 내 눈에 보이는 곳까지 이기 때문에 모든 옷들이 한눈에 들어와야 코디네이션을 할 수 있고 각 아이템들이 내 머릿속에 있어야 쇼핑을 할 수 있다. 그래야만 쇼핑할 때 필요한 것이 무엇인지, 살 것인지, 말 것인지 정확한 판단을 내릴 수 있다.

옷/장/정/리/법

첫째, 옷이 잘 보여야 한다

가장 잘 보이는 곳에 이번 시즌에 입을 옷을 걸어두고 손이 잘 닿지 않는 곳에는 지난 계절의 옷을 보관해 둔다. 1년에 적어도 두 번은 옷걸이 위치를 바꿔준다.

둘째, 항상 같은 위치를 유지한다

서랍마다 옷걸이마다 자리를 정해두자. 하의에서 상의 순으로 걸어두자. 상의는 위의 칸에, 하의는 아래 칸에, 중간 선반은 안에 입는 이너웨어나 티셔츠를 컬러별로 정리해 놓자.

셋째, 예쁜 수납보다는 넣고 빼는 일이 쉬워야 한다

서랍장에 옷을 넣을 때도, 옷걸이에 옷을 걸을 때도 빽빽하게 걸지 않도록 공간을 확보하는 것이 중요하다.

넷째, 모두 입어보고 이제는 버려야 할 때

- 유행 지난 가죽/모피
- 체형에 안 맞는 옷 (배 바지, 쫄티, 디스코 바지….)
- 가난해 보이거나 아파 보이는 옷
- 정말 나이에 안 맞는 옷 (망사, 동아리티셔츠…)
- 배보다 배꼽이 더 큰 옷 (산 금액보다 수선비가 더 드는 옷…)

Step 4. 쇼핑 전략

쇼핑은 계획이며 기획이다

내가 구매할 예산이 어느 정도인지, 어떠한 아이템과 어떤 컬러가 필요한지 계획해야 한다. 쇼핑하면서 내가 가지고 있는 모든 아이템을 순식간에 머릿속으로 매칭해보는 상상력과 나에게 과하거나 어울리지 않는 것은 과감히 포기하고 나에게 더할 나위 없이 괜찮은 아이템을 보았을 때 아낌없이 저지를 수 있는 결단력이 필요하다. 만약 득템을 하지 못하면 그와 비슷한 아이템을 찾는데 많은 시간과 노력이 필요할 것이다.

쇼핑, 쉬운 일은 아니다.
짧은 시간 안에 많은 일을 한꺼번에 해내야 한다.

쇼/핑/요/령

첫째, 귀찮더라도 사려고 하는 모든 옷은 입어 볼 것

둘째, 유행에 민감한 옷인지 따져 볼 것

셋째, 비슷한 옷이 집에 있는지 생각해 볼 것

넷째, 정말 필요한 옷인지 생각해 볼 것

다섯째, 한 번 더 생각해 볼 것

늘 입을 옷이 없을 수밖에 없는
6가지 이유와 옷장 정리, 쇼핑에 대해 동의하는가?
동의한다면 당신은 늘 입을 옷에 대한 고민의 반은 줄었다.
이제 준비가 되었으니 스타일링에 도전해보자.

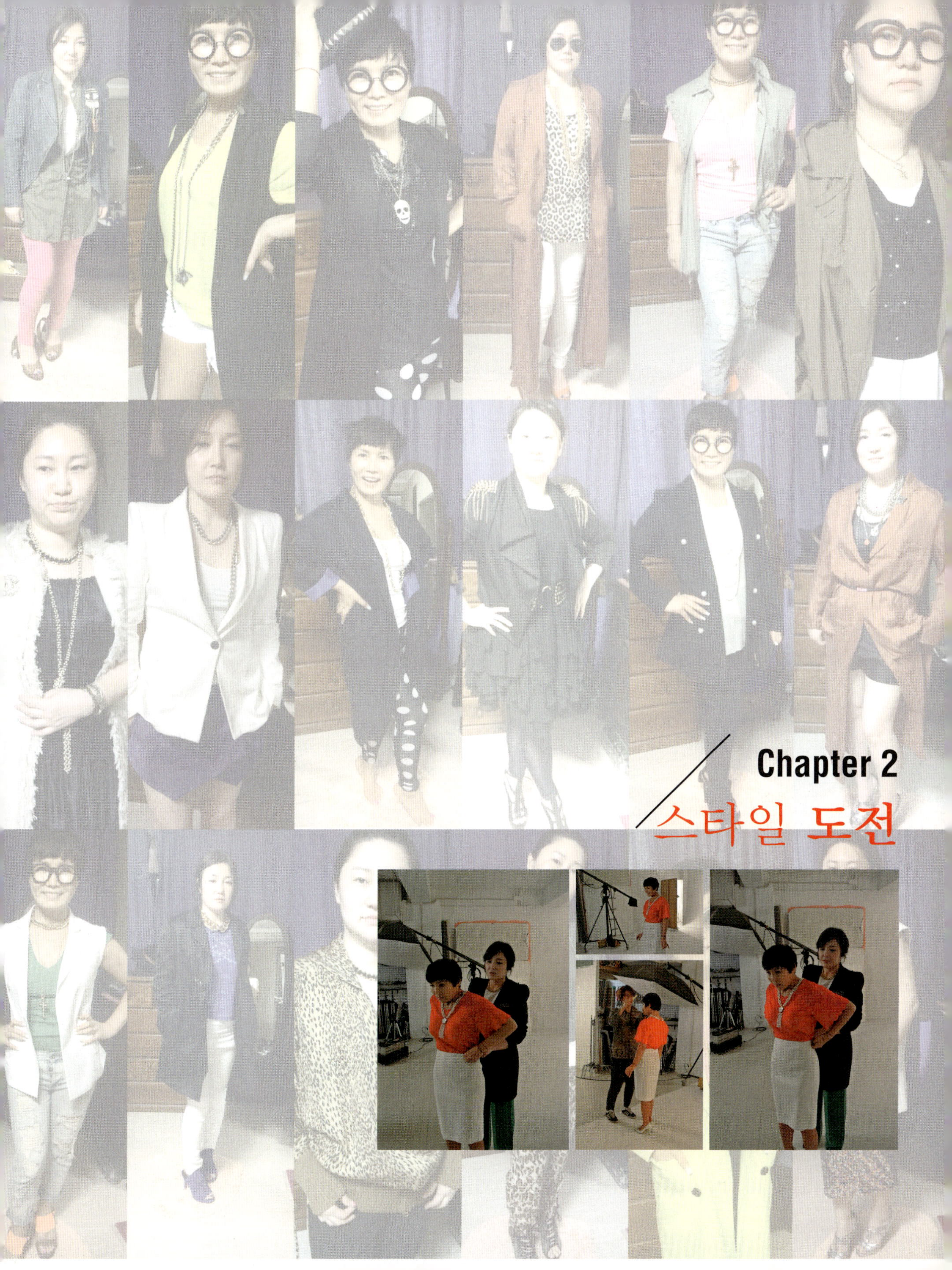
Chapter 2
스타일 도전

먼저, 자신에게 물어보자 "어떤 사람으로 보이고 싶은가?" 오늘 나에 대한 설명이 내가 입은 옷에 잘 나타내고 있는가 말이다. 그렇지 않다면 현재의 나를 정확히 진단하고 판단하는 것에서부터 시작되어야 한다.

진정한 나를 찾는 것으로 시작하자.

Step 1. 스타일 진단

1) 신체 측정

키, 골격, 체형, 신체 비율, 얼굴 형태에 대해 알아보자.

내 몸을 잘 알아야 옷을 잘 입을 수가 있다. 장점을 최대한 돋보이게 하고 단점은 감추자. 신체 측정은 내 몸의 예쁜 구석을 찾는 일이다.

(1) Body Line(신체 라인)

어깨 라인, 허리 라인, 힙 라인 등 부위별로 곡선형, 직선형, 복합형인지 체크한다.

신체	직선형	복합형	곡선형
어깨 라인			
허리 라인			
힙 라인			

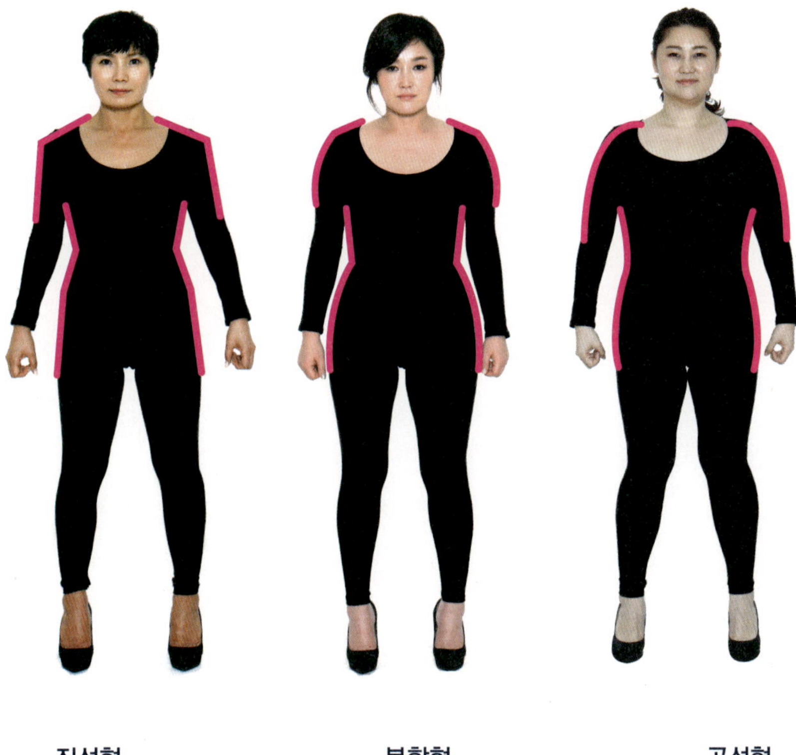

직선형   복합형   곡선형

직선형은 드레스 셔츠보다는 니트나 블라우스가 부드러워 보이고,
곡선형은 니트나 블라우스보다는 셔츠가 체형을 커버해 줄 것이다.

(2) Body Structure(골격)

Fine(가는), Medium(중간), Strong(강한) 골격은 뼈대를 말한다.

마른 사람 중에 골격이 강한 사람도 있고 살집이 있는 사람 중에 골격이 가는 사람도 있다. 예를 들면 배우 전지현씨를 떠올려보자 날씬하지만 골격이 가늘진 않다. 나는 어디에 속하는지 체크해 보자.

Fine(가는)	Medium(중간)	Strong(강한)

| 가는 | 중간 | 강한 |

골격에 따라 액세서리의 굵기가 결정이 된다. 골격이 강한 사람들이
볼드한 액세서리나 두꺼운 안경테, 큰 가방 등이 어울린다.

(3) Body Type(체형)

중배협(근육형), 내배협(살집형) 중 체크해보자.

중배협(근육형)	내배협(살집형)

중배협(근육형)　　　　　　　　　　내배협(살집형)

최소한의 의상만 입고 거울 앞에 서보자. 어깨 라인부터 엉덩이 라인까지 일직선의 라인을 그려보자. 도형이 그려지는가? 그것이 현재 나의 체형이다. 하지만 나의 체형에 너무 얽매이지는 말자. 장 · 단점만 알고 있으면 된다.

역삼각형	삼각형	모래시계형	직사각형	원형

어떤 몸매로 태어났든 가장 이상적인 체형인 모래시계형으로 보이게 만들어주면 된다. 큰 쪽은 작아보이게 작은 쪽은 커보이도록 컬러, 무늬, 선, 소재 등을 이용하여 균형을 맞추는 원리이다.

(4) 피부의 결

Smooth(매끄러운), Normal(보통), Tough(거친) 중 체크해보자.

Smooth(매끄러운)	Normal(보통)	Tough(거친)

피부의 질감은 옷의 질감과 연관이 있다. 피부가 매끄럽다면 광택 나는 옷이 잘 어울리며 그렇지 않다면 매트하거나 자연 직물이 잘 어울린다고 볼 수 있다.

2) 성향 및 스타일

(1) 개인의 성향

직선형은 성격이 외향적이고, 사교적이며 활달하다. 곡선형은 내향적이고 부드러우며 여성적이다. 그리고 복합형은 양쪽 성격을 다 가지고 있는 것을 말한다. 나는 어떤 성향인지 체크해보자.

개인의 성향	직선형 (외향적, 사교적, 활달)	복합형	곡선형 (내향적, 부드러운 편, 여성적)

(2) 의상 선호 스타일

재킷 · 셔츠 · 바지 · 청바지 등을 선호한다면 직선형, 블라우스 · 레이스 · 가디건 · 스커트 등을 선호한다면 곡선형, 양쪽 스타일을 모두 선호한다면 복합형이다. 내가 선호하는 스타일은 어떤형인지 체크해보자.

의상 선호 스타일	직선형 (재킷, 셔츠, 바지, 청바지)	복합형	곡선형 (블라우스, 레이스, 가디건, 스커트)

3) 퍼스널 컬러

가끔 "어디 아프니?", "오늘따라 나이가 들어 보인다.", "촌스럽다." 등의 말을 들은 적이 있다면 그 이유는 내가 입은 의상의 컬러 때문이다.

자신이 타고난 피부색 · 머리카락 색 · 눈동자 색이 따뜻한 컬러 즉, 노란색이 들어가 있는 컬러가 잘 어울리는지 차가운 컬러인 블루나 흰색이 들어가 있는 컬러가 잘 어울리는지에 따라 봄, 여름, 가을, 겨울로 나뉜다. 손바닥과 팔 안쪽 피부색, 두피, 머리카락, 눈동자를 체크하고 주로 쓰는 립스틱과 아이쉐도우 컬러, 옷장 안에 있는 의상 컬러들과 스타일을 생각하여 나는 어느 계절에 속하는지 체크해보자.

1	2	3	4	5

1. 당신의 피부에 가까운 색은?

A.C. 노란기   B.D. 붉은기

2. 당신의 본래 머리카락에 가까운 색은?

A. 밝은 갈색

B. 회갈색, 부드러운 검정

C. 어두운 갈색

D. 짙은 검정

3. 당신의 눈동자 색은?

A. 밝은 갈색

B. 회갈색, 부드러운 검정

C. 어두운 갈색

D. 짙은 검정

4. 평소 당신에게 잘 어울렸던 립스틱 컬러는?

A. 피치 핑크

B. 로즈 핑크

C. 샐먼 핑크

D. 마젠타

5. 평소 주변으로부터 많이 듣는 당신의 이미지는?

A. 어려보이고 친밀한 느낌 생기 있고 발랄한 느낌

B. 부드러우면서 여성스러운 느낌 우아하면서
   산뜻한 느낌

C. 성숙하고 차분한 느낌 신뢰감을 주는 느낌

D. 존재감 있는 카리스마 도시적이며 샤프한 느낌

A와 C가 많이 나왔다면 내 피부 톤은 Warm tone으로 노르스름하므로 노란색이 섞인 컬러들이 잘 어울리며,

B와 D가 많이 나왔다면 내 피부 톤은 Cool tone으로 희고 붉으므로 흰색과 파란색이 섞인 컬러들이 잘 어울린다.

* www. colorz.co.kr

PART1

PART 2

PART 3

PART 4

Step 2. 패션 타입 체크

나는 어떤 패션 타입을 가지고 있는지 체크해보자
대부분은 이 세 타입에서 크게 벗어나지 않는다.

Feminine Type(페미닌 타입)	Classic Type(클래식 타입)	Sporty Type(스포티 타입)

1) Feminine Type(페미닌 타입)

여성다움, 여성적, 청순한, 여성다움, 깔끔
한, 세련됨. 즉 여성적인 사랑스러움, 우아
함 등이 강하게 표현된 타입이다.

직선형도 여성스러움을 보여줄 수 있다.
웨이브진 헤어와 부드러운 하이웨스트
미니 원피스로 연출해보자.

2) Classic Type(클래식 타입)

전통적이고 기본적인 의상. 유행을 잘 타지 않고 장기간 지속되는 의복 타입이다. 고상하고 보편적인 전통의 타입을 말한다.

곡선형의 스포티함은 부드러운 빼기스타일로 연출해보자.

3) Sporty Type(스포티 타입)

기능적, 실용적, 활동적, 단순, 명쾌, 건전, 상쾌함, 신선한 감각의 패션, Campus Wear, Sports Casual Wear 등을 말한다.

Step1.에서 곡선인 경우 여성스러운 Feminine Type이 잘 어울리며 직선형이나 복합형은 Classic 이나 Sporty Type이 잘 어울린다.

PART 1
PART 2
PART 3
PART 4

Step 3. 라이프스타일과 TPO 체크

개인의 삶의 방식과 사회활동은 매우 다양하므로 직업이 무엇이고 어디서 사는지, 주로 어떤 활동을 하고 있는지, 관심사는 무엇인지 등을 알아보면 그 사람의 라이프스타일을 알 수 있다. 패션 스타일은 개인의 라이프스타일을 벗어날 수 없다.

1) 라이프스타일

자기 라이프스타일 안에서 자신만의 스타일을 찾아보도록 하자.
3가지 라이프스타일은 다음과 같다.

(1) Official Life 공적인 생활

직장을 위한 근무시간 의상. 타인의 시선을 의식하여 지나치게 개성을 내세울 수 없는 게 단점이다. 포멀하고, 힘 있고, 각이 지고, 직선의 느낌이 강하다.

(2) Private Life 사적인 생활

제약으로부터 벗어난 자유스러운 스타일, 자신을 만끽할 수 있는 해방된 나만의 시간이다. 회사 이외의 장소에서 착용하며 산책, 쇼핑, 또는 활동적인 일을 할 때 착용한다.

(3) Social Life 사교적인 생활

직업과 관계되는 각종 회합이나 고객과의 커뮤니케이션 등의 TPO에 맞는 옷차림은 우아하고 품위 있고 고상한 매력이 요구 된다. 항상 트렌드를 의식한 옷차림을 말하며 전문적인 직업 이미지를 가진다.

2) TPO 체크

두 번째로 매일 스케줄을 체크해 보자. 언제(Time), 어디서(Place), 무엇 때문에(Object), 어떤 사람을(Occupation), 어떻게(Occasion) 사람을 만나는지에 따라 패션 스타일은 분명히 달라져야 한다. 집에서 입는 옷과 외출복이 구별은 되고 있는가?
때와 장소에 어울릴 수 있는 패션 생활을 분명하게 가져야 한다.

'부주의하게 옷을 입는 것은 도덕적 자살이다' – 발자크

6
OFFICIAL
LIFE
공적인 생활

PRIVATE
LIFE
사적인 생활

IANCOMINA
SOCIAL
LIFE
사교적인 생활

Step 4. 의상 선택

나만의 체형과 퍼스널 컬러, 성향, 패션 타입, 상황, 라이프스타일을 파악하였는가? 그렇다면 의상을 선택하여 본격적인 스타일링에 들어가 보자.

**'당신이 어떤 사람인지를 먼저 알라.
그리고 거기에 따라 자신을 치장하라' – 에픽테토스**

Chapter 3
스타일 변신

Step 1. 균형의 법칙

스타일링에는 중요한 4가지 균형의 법칙이 있다.

1) 가장 넓은 선만큼 넓어 보인다

절대로 가장 넓은 선에 시선이 가지 않도록 해야 한다.
신체 중 가장 넓은 선이 엉덩이라면 엉덩이 선에서 옷자락이 끝나면 안된다.

Tip!
자신의 가장 넓은 선이 어디에 있
던지 '가리기 위해서 입는 것'이란
생각은 버려야 한다.
가리는 순간 시선이 더 끌리게 된
다는 것을 기억해야 한다!

엉덩이가 크다면
어깨에 패드를 넣어
시선을 분산을
시키는 것도 한 가지
방법이다.

2) 신체의 단점이 반복되지 않도록 해라

사각형 얼굴에 사각 안경테와 스퀘어 네크라인의 티셔츠를 입었다고 한다면 사각형 얼굴이 더 부각될 것이다. 신체의 단점이 액세서리나 의상의 반복으로 강조가 되어선 안 된다.

3) 무늬와 밝은 색으로 시선을 끌자

눈은 어두운 색상보다 옅고 밝은 색상에 끌리며 단색보다 무늬가 있는 것에 더 끌리므로 신체의 장점에 무늬와 밝은 색으로 시선을 끌도록 하자!

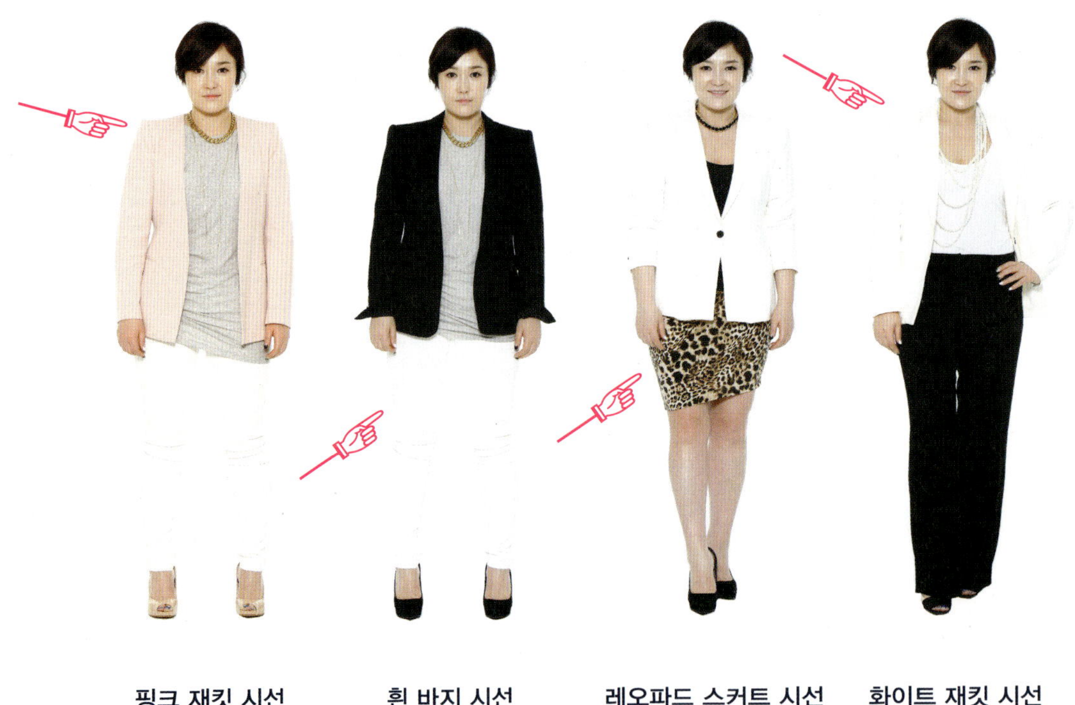

| 핑크 재킷 시선 | 흰 바지 시선 | 레오파드 스커트 시선 | 화이트 재킷 시선 |

4) 좋은 비율은 화려한 장식이 없이도 아름다움을 만들어 낸다

키가 작은 것이 문제이고 무조건 키만 크면 멋있어 보일까? 8등신이면 아무거나 입어도 예쁠까? 아니다. 답은 비율이다.

인간은 어떤 사물을 볼 때 특정한 비율에서 가장 아름답다고 느끼게 되는데 그것을 황금 비율이라고 한다. 사진, 그림, 예술 작품, 사람 얼굴에도 수많은 황금 비율이 숨겨져 있다. 좋은 비율은 별다른 장식 없이도 아름다움을 만들어 낸다는 것을 잊지 말자. 없다면 만들면 되고 키가 작으면 등신 비를 숨기면 된다.

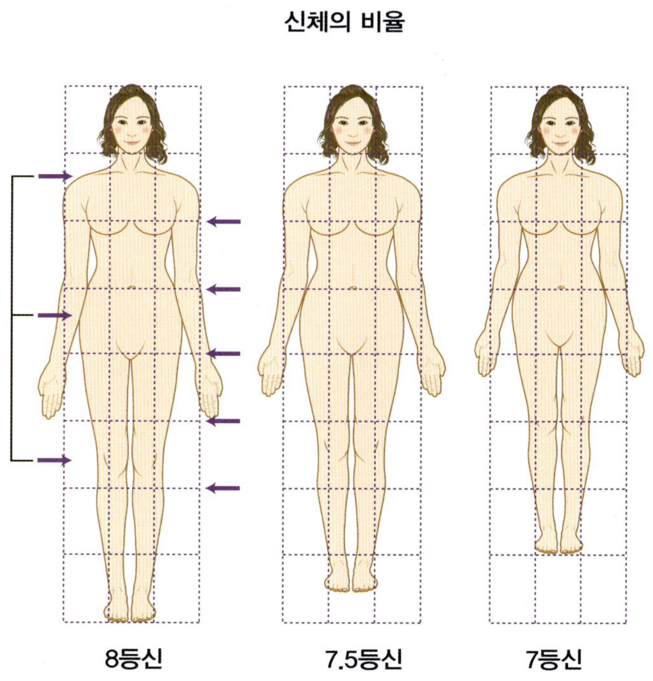

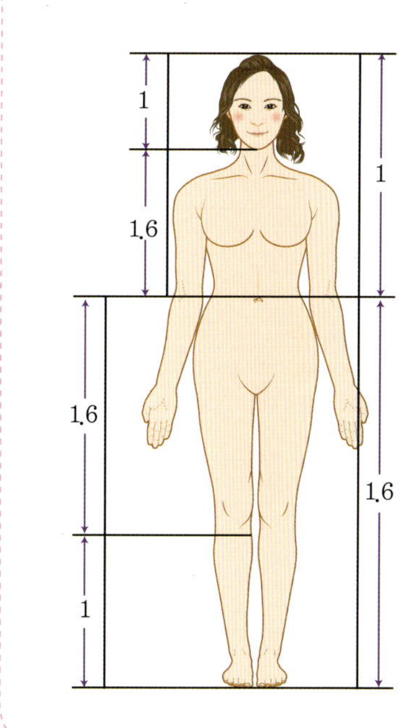

옷들의 경계선 비율을 보자 어느 비율로
입은 옷이 더 안정적으로 보이는가?
가장 안정적인 비율은 1:1.6 으로 입은 옷이다.
모든 비율을 1과 1.6이 되도록 해보자,
안정적인 스타일링을 연출 할 수 있다.

NE

Step 2. 스타일링 요소

모든 의복이 가지고 있는 디자인의 요소에는 선, 형, 색상, 재질, 무늬로 구성되어있다. 디자이너는 그 시대의 트렌드뿐만 아니라 착용자의 적합성까지 생각하여 옷을 디자인하는 것이다. 원리를 알면 나에게 맞는 의류를 구매하거나 나를 멋지고 돋보이게 하는데 도움이 된다.

1) 선

세로선보다 가로선이 더 뚱뚱해 보인다? 굵은 굵기의 스트라이프 보다는 가는 굵기의 스트라이프가 날씬해 보이는 건 사실이지만 정답은 어떻게 연출하느냐에 달려있다.

기본적인 블랙 & 화이트의 다양한 스트라이프 패턴으로 시선을 분산시켜보자 레깅스나 화이트 팬츠를 입을 경우 좀 더 강한 스트라이프를 선택하여 시선을 하의에 가지 않게 하고 베스트를 매칭하여 연출한다.

"
기억하자 스트라이프 굵기보다 보이는 면적을 적게 보여야 날씬해 보인다는 것을 말이다.

가로 스트라이프 패턴

스트라이프 간격이
너무 좁으면
면으로 보일 수 있다.

스트라이프 패턴 전체를
보여주지 말고 재킷이나
베스트를 매칭하거나
액세서리를 이용하면
시선을 분산시켜
날씬해 보인다.

흰색의 면적이 크면
넓은 폭의 스트라이프보다
상체가 뚱뚱해 보인다.

세로 스트라이프 패턴
스트라이프 간격에 따라
차이가 있다. 간격이 좁을수록
타이트해 보이고
넓을수록 편안해 보인다.

긴 목걸이, 긴 스카프, 셔츠의 길게 늘어선 단추, 스커트의 가운데 긴 여밈 등은 시선을 분산 시켜 날씬하게 보이는 효과가 있다.

세로선이 없는 경우 / 세로선이 있는 경우

장식선이 없는 경우 / 장식선이 있는 경우

패턴뿐만 아니라 옷의 컬러 매칭으로도 선과 면이 생길 수 있다.
옷을 입고 연출할 때 면적이 넓어 보이지 않도록 주의하자.

2) 패턴

(1)종류

● Dot – 큰 무늬보다 작은 무늬가 슬림해 보인다는 것을 기억하자!

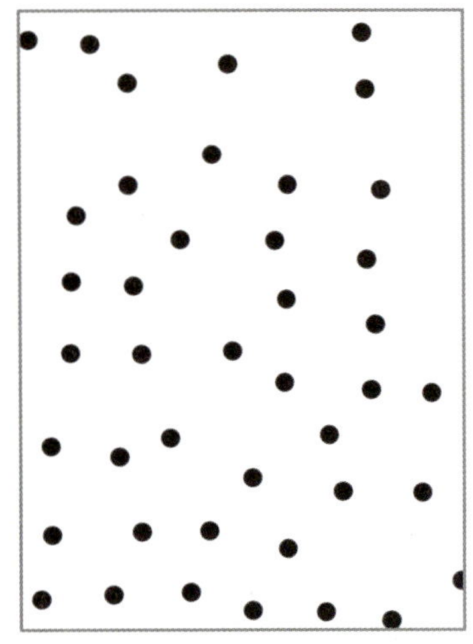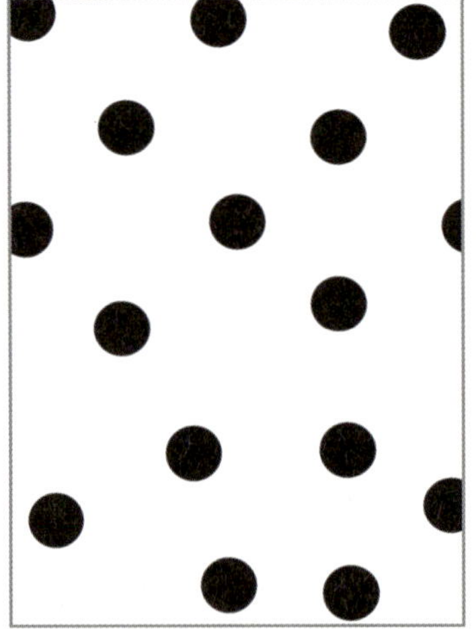

● Graphic – 시선을 분산시키기 때문에 날씬해 보이는 효과가 있다.

(2) Animal Print

프린트의 머스트 아이템 레오파드!

레오파드 외 애니멀 프린트로 다양하게 연출해보자.

또 다른 나를 발견하게 될 것이다.

3) 컬러

색상은 크게 따뜻한 색(난색)과 차가운 색(한색)으로 나뉜다.

따뜻한 색(난색)은 눈에 띄고, 팽창되어 보이고, 크게 보이게 한다. 그러므로 신체 중 날씬한 부위에 입거나 이너웨어로 입어 시선을 분산시키거나 일부러 화려하게 입는 경우도 있다. 포인트 색상이나 코디아이템의 색상으로도 이용된다.

차가운 색(한색)은 수축되어 보이고, 멀고 작아보이므로 감추고 싶은 곳이나 넓은 부위에 입도록 한다. 기본 아이템 색상이다.

따뜻한 색(난색)　　　　　기본아이템 색상

따뜻한 색(난색)

차가운 색(한색)

(1) 조화

동일색상이나 유사색상 배색을 말한다. 무늬나 옷의 컬러를 활용하여 조화롭게 색깔 코디를 해보자. 안정감 있고 편안한 느낌을 줄 것이다.

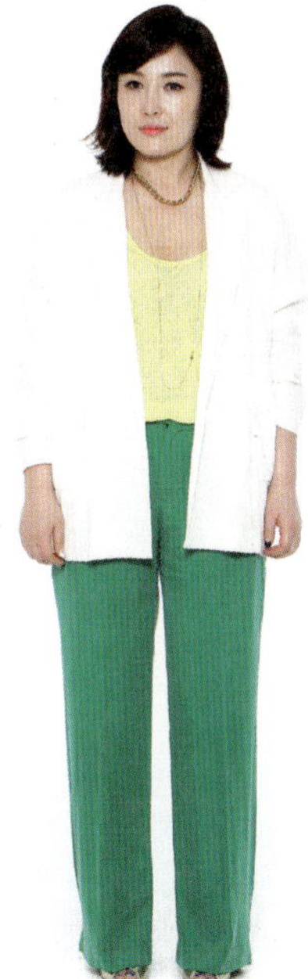

(2) 대조

반대 색상의 가까운 배색을 말한다. 무늬나 옷의 컬러를 반대되는 색상들로 코디해보자. 색감이 풍부해서 생기 발랄하고 세련되며 화려한 느낌을 줄 것이다.

(3) 강조

원색을 포인트로 강조하는 배색을 말한다. 컬러풀한 옷이나 액세서리를 강조하고 싶다면 나머지는 무채색으로 입어주어 더욱 돋보이게 코디해보자. 화려하고 강렬한 느낌을 줄 것이다.

4
080

Olympics will be
Sochi, Russia.
is planned for completion
in Changsha, Hu
na.
p/
he-
AUGUST
16–28: The 2014 Summer
Youth Olympics will be
held in Nanjing, China.
24: NASA's New Horizons
spacecraft will cross the
orbit of Neptune after trav-
elling for over eight years.
New Horizons is sched-
uled to reach its mission
target, Pluto, in 2015.

4) 형태, 실루엣

우리는 그림자만 보더라도 그 사물이 무엇인지 한눈에 알 수 있듯이 실루엣은 제 2의 몸이다. 제 2의 몸을 어떻게 디자인하느냐에 따라서 다른 내가 탄생하는 것이다.

위 그림자에서 봐도 알 수 있듯이 네크라인이 달라진다고해서 형태나 실루엣이 달라지진 않는다. 전체 라인이 달라져야 변화가 이루어진다.

우리는 좀 더 날씬하고 길어 보이는 실루엣이 되기 위해서 X자형과 Y자형 실루엣을 만들어야 한다.

우리는 균형 잡힌 몸매, 이상적인 체형이 모래시계형이라는 것을 안다. 패션에서
도 모래시계형처럼 균형 잡힌 모습을 만들어내면 되는 것이다. 액세서리를 이용
하거나 레이어드를 하여 허리라인을 만들어 보자.

일자형 실루엣 　　　　　　X자형 실루엣 　　　　　　일자형 실루엣　　　　　　Y자형 실루엣

5) 소재

소재를 어렵게 생각하지 말자. 매끈하고, 부드럽고, 가볍고, 부드러운 광택이 있는 원단은 축소되어 보이고 거칠고, 단단하고, 무겁고, 강한 광택이 있는 원단은 확대되어 보인다.

너무 얇거나 너무 두꺼워서 내 몸을 보다 커 보이게 하는 소재는 피하는 것이 좋다. 후드 티셔츠, 맨투맨 티셔츠, 두꺼운 소재의 진들은 피하자.

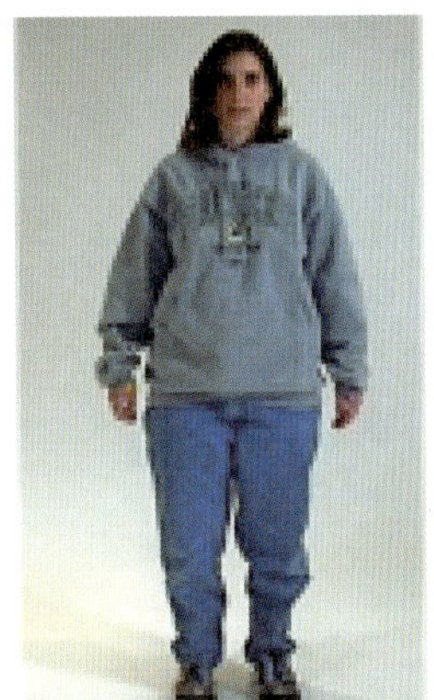

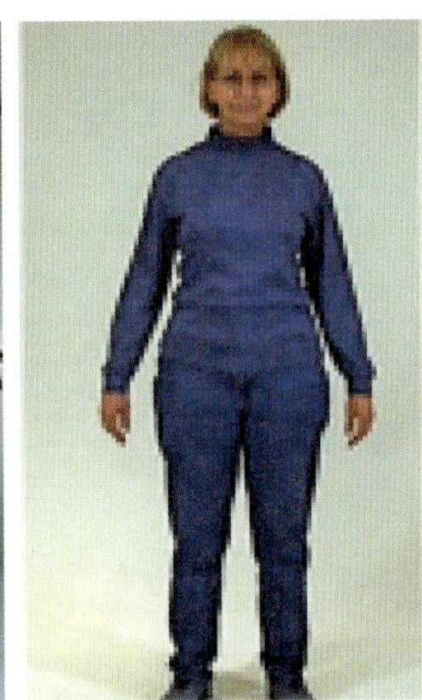
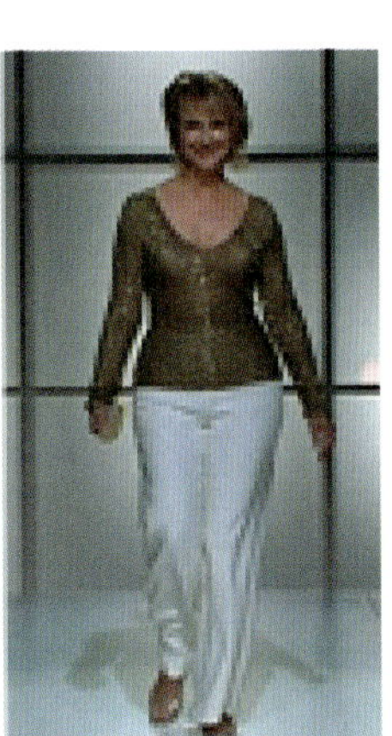

13가지 패션 투자법칙

1. 좋아한다고 해서 독특한 색깔을 사지 마라

2. 옷이 한눈에 들어오도록 색의 조합을 염두해 두고 옷을 구입하여 구색을 갖춰라.

3. 현실을 직시하라. 충동구매는 안 된다.

4. 싼 옷을 사서 1번 입는 것보다 비싼 옷을 사서 여러 번 입는 것이 남는 것이다.

5. 굳이 선택해야 한다면 무늬가 있고 화려한 컬러보다 단색의 기본형을 골라라.

6. 오래 입을 수 있는 좋은 소재의 옷을 사라.

7. 계절이 바뀌면 옷장의 옷 위치를 바꿔줘라.

8. 흰색 티셔츠와 셔츠를 사는데 돈을 아끼지 마라.

9. 시즌의 유행 색상으로 포인트가 될 만한 옷들을 몇 벌 사라.

   기존의 있던 옷들이 다시 살아 날 것이다.

10. 딱 맞는 옷은 많은 돈을 지불해도 오히려 남는 것이다.

11. 구입하는 옷의 색이 나를 위한 컬러인지 확인 하라.

12. 새로 사는 옷이 내가 가지고 있는 옷과 어울리는지 생각해보라.

13. 사려는 옷이 내가 두 번 이상 입을 옷인지 확인 하라.

옷 잘 입는 일곱 가지 방법

1. 오늘 스케줄 TPO를 확인하라.

2. 컬러 – 얼굴색에 집중하라.

3. 내 몸을 알고 입어라. – 선, 단점, 허리선

4. 제대로 입어라. – 조화, 선, 무늬, 색, 기본 항목

5. 옷 잘 입는 사람 관찰하고 따라 입어라.

6. 나만의 매력을 자연스럽게 표현하라.

7. 자신감을 가져라. – 이 공식들을 믿어라.

PART 02

▶ Face Making

smoothies

ORIGINAL WRAP
Original Wrap & Salad
SMOOTHIE KING
I'm fresh!
Hot!
Hot & G
Salad

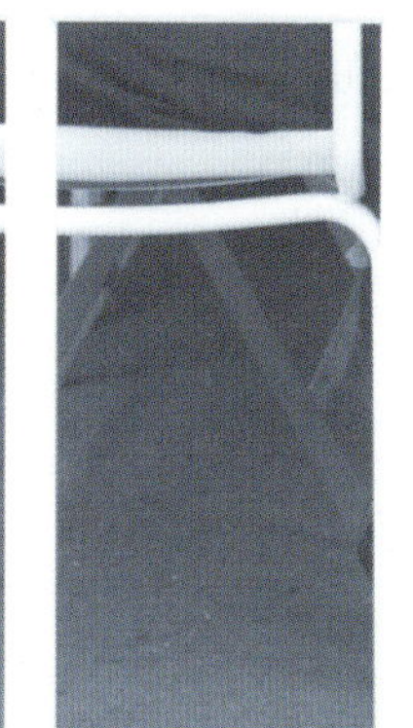

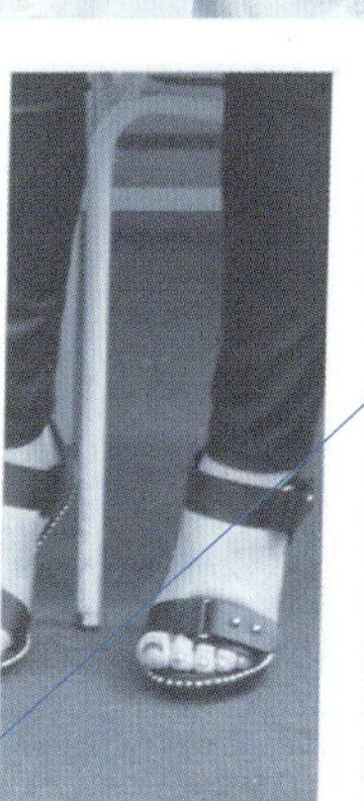

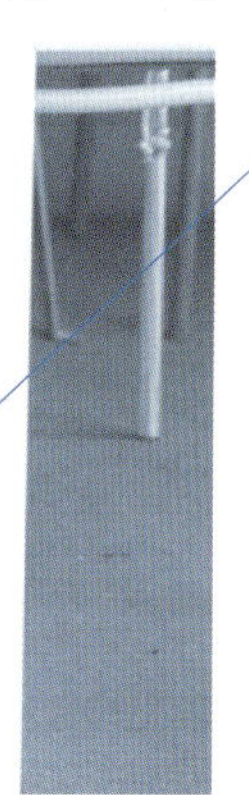

Chapter 1
나의 얼굴형 만들기

FACE MAKING

누가 그랬던가 스타일의
완성은 역시 얼굴이라고!!

모든 아름다움의 기준이 되어버린 얼굴! 그렇다면 아름다운 얼굴의 기준은 무엇인가?
과연 우리는 얼굴만 보는가? 리얼한 얼굴형만 보는가?

아니다! 머리의 형태를 포함한 전체적
인 모습을 첫인상으로 인식한다.
좋은 예로 '미스코리아 머리' 일명 '사
자머리'가 있다. 예전에 미인대회를 보
면 머리를 최대한 크게 풍성하게 볼륨
을 주고, 메이크업은 부드러운 윤곽을
최대한 살려 스타일링들을 했다.
왜 그랬을까? 예뻐 보이려고!

예전이나 지금이나 미인얼굴의 기준은
비슷한 것 같다. 최대한 갸름하고 여성
의 곡선을 살린 자그마한 얼굴형, 그
안의 완벽한 비율과 균형 잡힌 눈, 코, 입!

얼굴과 얼굴형을 보완해줄 헤어라인 주
변의 애교머리, 앞머리 스타일, 또는
가르마의 방향, 헤어스타일, 머리 길이
등이 얼마나 중요한지는 두 번 말하지
않아도 알 것 이다.

1mm의 의미
얼굴에서의 1mm 길고, 짧음, 높고, 낮음
은 엄청난 결과를 가져와 미인으로 거듭
탄생할 수 있는 기회를 우리에게 준다.

Step 1. 예뻐져라 내 얼굴

1) 너무 완벽하다 자만하지 말라

(1) 얼굴형

계란형 – 대표적인 연예인 구하라, 김태희

볼과 턱에 살이 많이 찌지 않은 형이다. 매력과 우아함의 하모니를 이룬 윤곽을 갖추고 있으며 성격은 비교적 느리고 온화하며 부드럽다. 매력적인 존재이길 원하는 형으로 논리적인 것을 좋아한다. 모든 사람들이 다들 부러워하는 모범 답안 같은 얼굴형, 하늘에 감사하고 부모님께 감사하라!

여성들이 가장 선호하는 얼굴형 얼굴의 윤곽은 이마의 가로 길이보다 전체 길이가 약 1.5배 정도 더 길다. 이마는 턱보다 약간 더 넓다. 가장 이상적인 얼굴형으로 인식되어지며 얼굴의 윤곽과 비율은 다른 얼굴형을 보완하기 위한 기본 얼굴형이다. 턱이 갸름하고 얼굴의 길이가 너비보다 넓은 얼굴형으로, 어떤 스타일도 무난하게 잘 어울리는 편이다.

(2) 헤어스타일

어떤 앞머리, 가르마, 헤어스타일도 다 소화 할 수 있다. 짧은 스타일, 긴 스타일이 다 잘 어울리지만 자칫 무난해 보일 수 있으므로 웨이브와 헤어 컬러로 포인트를 주자. 스타일이 더욱 살아날 수 있다. (Tip 헤어 컬러 선택 시 얼굴톤을 꼭 고려해야 한다.) 대담하고 화려한 스타일에 도전하자! 평소 하던 스타일만 고집하지 말고 자유롭게 변신하라!
그림같은 얼굴인 계란형은 어떤 앞머리, 가르마, 헤어스타일도 전부 소화할 수 있다.

(3) 메이크업

계란형 얼굴의 경우 흐리고 얇은 눈썹은 인상이 또렷해 보이지 않으니, 눈썹을 그릴 땐 적당한 두께로 선명 하게 그려주는 것이 좋다. 자연스럽게 할 경우에는 아치형의 눈썹이 어울리며, 조금 강한 이미지를 표현하고 싶을 때는 일자형 눈썹 이나 각진 눈썹도 어울린다. 단, 눈썹산이 너무 올라가면 나이가 들어 보일 수 있으니 주의하자.

내 얼굴에 맞는 블러셔 & 눈썹 확인하기

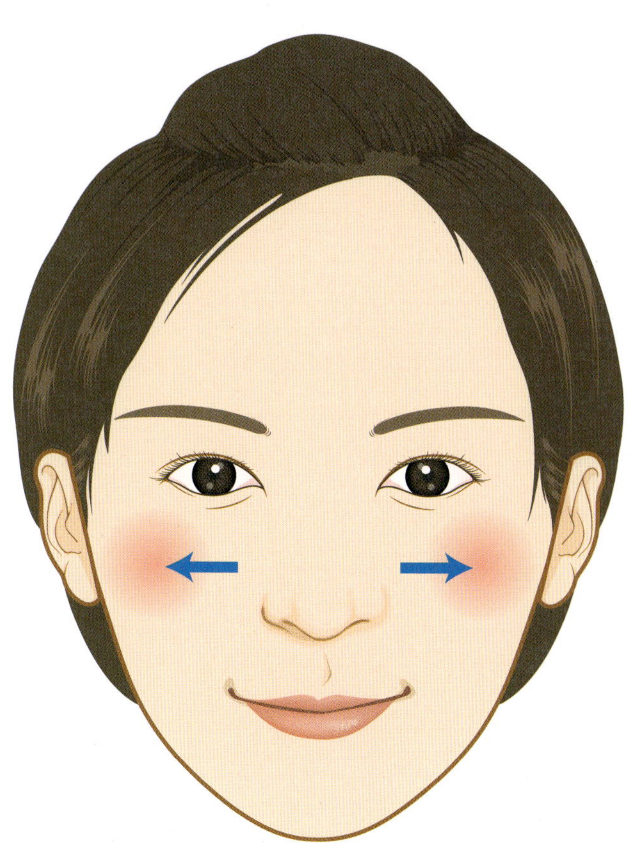

2) 조금만 가꾸면 동안 얼굴의 기준

(1) 얼굴형

둥근형 – 대표적인 연예인 유이, 시스타 효린

얼굴의 가로, 세로의 폭이 비슷하며 턱이 짧고 볼 부분이 가장 넓은 얼굴형으로 둥근 헤어라인과 둥근 턱선을 가지고 있다.
둥근형은 실제 나이보다 어려 보이는 경향이 있으며, 얼굴 전체를 갸름해 보이게 해주는 것이 포인트이다.

(2) 헤어스타일

A. 이마 위쪽에 풍성한 볼륨을 주고 옆머리는 차분하게 정리하여 턱 선을 타고 감싸듯 흘러 내려오는 스타일이 통통해 보이는 볼을 갸름하게 하는 효과가 있다.

B. 앞머리를 위로 올려 이마를 보여 주거나, 양 옆으로 긴 스타일을 하면 둥근 이마를 길어 보이게 하는 착시를 일으킨다.

C. 가르마를 6:4로 하고 좌, 우측 앞머리의 길이를 다르게 깻잎머리로 하여 양옆으로 내려오는 앞머리 스타일도 둥근 얼굴을 갸름하게 보이게 한다.

D. 한쪽 옆머리로 귀나 뺨을 덮어주는 머리흐름을 구성하고, 다른 쪽 옆머리는 귀 뒤로 넘겨주며 긴 구레나룻을 만든다. 얼굴을 길어 보이게 하는 착시현상을 준다.

E. 가운데 가르마나 옆머리가 풍성한 스타일, 어깨에서 약간 뻗치는 바람머리 스타일도 잘 어울린다. (너무 과할 경우 둥근 얼굴을 살쪄 보이게 하기 때문에 피하는 것이 좋다.)

F. 턱선을 덮은 단발머리도 잘 어울린다. 일명 '칼단발' 뒤쪽이 올라가고 앞쪽으로 길어지는 스타일은 얼굴의 둥근 턱선을 보완해주고 세련미를 연출시킨다.

헤어스타일별 예시

(3) 메이크업

편한 이미지, 동안처럼 보일 수는 있지만, 자칫 너무 순해보여서 촌스러워질 수 있다.

눈썹—눈썹산을 살짝 각지게 올린 눈썹은 둥근 얼굴형을 커버하면서 세련된 느낌을 준다. 눈썹의 3분의 2지점에서 자연스럽게 눈썹산을 만들어주고 눈썹 끝으로 갈수록 얇아지게 한다. 전체적으로 얇은 눈썹이나, 동그란 형태의 아치형 눈썹은 얼굴형을 더 둥글고 커보이게 하니 주의해야 한다.

블러셔—둥근 얼굴형을 커버 할 수 있게 사선으로 터치해준다.

내 얼굴에 맞는 블러셔 & 눈썹 확인하기

3) 섹시한 턱각과 목선

(1) 얼굴형

정사각형 – 대표적인 연예인 소이현, 유인영

직선의 헤어라인과 직사각형의 턱 선을 가진 넓은 얼굴이다. 턱이 각지고 이마, 광대, 턱의 가로의 너비가 비슷한 경우의 얼굴형이다.
헤어스타일의 포인트는 좁은 이마를 넓게, 턱 부분은 갸름하게 보이는 헤어스타일을 연출하는 것이다.

(2) 헤어스타일

A. 앞머리에 볼륨을 넣고 뒤로 넘겨서 좁은 이마가 확장되어 보이게 착시현상을 주거나, 앞머리를 양옆으로 내려서 좁은 이마를 가려주는 연출을 해야 한다.

B. 관자놀이 주변에 볼륨감을 살린 일자단발 스타일구성으로 볼을 감싸는 c모양의 컬을 턱선 아래부터는 밖으로 휘어지는 일명 '자갈치머리'를 연출해준다. 머리 흐름이 각진 턱 선을 갸름해 보이게 한다.

C. 헤어스타일 길이는 턱보다 짧은 스타일을 피한다. 스타일의 하부에 풍성한 무게감을 느끼게 하면 턱의 넓은 부분을 축소시켜 얼굴 윤곽을 부드럽게 연출 할 수 있다.

D. 정말 짧은 머리를 하고 싶다면, 짧은 머리를 하되, 컬을 주어 부드러움을 더해주자.

E. 전체적인 두상 근처의 볼륨감과 부드러운 웨이브를 강력히 추천 하며, 긴 생머리는 피하자.

단점을 부각시켜 얼굴형을 확 드러내 주는 것도 좋은 방법이 될 수 있다.
단, 얼굴 전체를 드러내기 보다는 한쪽머리를 귀 뒤로 넘겨서 자연스럽게 한쪽
턱만 보이게 하는 것이 포인트!!

헤어스타일별 예시

(3) 메이크업

자칫 강해보일 수있는 골격이므로 부드러움을 더 해줄 수 있도록 눈썹과 블러셔를 둥글게 그리는 것이 좋다.

눈썹–완만한 아치형태의 반달형 눈썹은, 각진 얼굴형을 부드러우면서 여성스러워 보이게 한다. 단, 너무 두꺼운 두께나 일자형의 눈썹은 답답해 보일 수 있으니 주의해야한다. 본인 원래의 눈썹이 얇다면, 조금만 두께를 더해 그린다.

블러셔–위쪽으로 길어보일 수 있게 위쪽 사선으로 터치해준다.

내 얼굴에 맞는 블러셔 & 눈썹 확인하기

4) 예민해 보임이 세련미로 거듭나다

(1) 얼굴형

직사각형 – 대표적인 연예인 정려원, 선미

이마와 턱의 폭은 좁으면서 길이가 긴 얼굴형. 이마가 위로 넓거나, 턱이 긴 경우, 코가 긴경우가 있다. 얼굴 길이가 두드러지지 않게 연출해준다.

(2) 헤어스타일

A. 얼굴의 위 아래보다 양옆으로 넓어보이게 하는 헤어스타일을 하자. 볼륨 없는 생머리보단 볼륨감 있는 풍성한 스타일을 연출해주자.

B. 앞머리를 내릴 때 타원형으로 내려주면 얼굴이 짧아 보이는 효과를 볼 수 있다.

C. 관자놀이부터 볼륨을 구성한 후 볼 쪽에 층을 내어 머리가 얼굴을 감싸듯 흐르도록 하고 턱선 주변에 풍성한 웨이브를 넣은 단발머리를 추천한다.

D. 언밸런스 보브 스타일은 각진 얼굴을 부드럽게 느끼게 하는 효과가 있다.

E. 너무 극단적인 짧은 앞머리는 얼굴 길이를 강조하므로 피하는 것이 좋다. 위에 볼륨을 준 스타일, 스트레이트 롱 스타일, 묶은 머리와 이마를 드러내는 스타일은 피하자.

헤어스타일별 예시

(3) 메이크업

이런 경우, 얼굴형을 짧아보이게 하는 일자형 눈썹이 어울린다. 적당한 두께의 일자형 눈썹은 얼굴을 짧아 보이게 해줄 뿐 아니라, 어려보이게 하는 효과까지 있다.

눈썹-앞머리부터 자연스럽게 그라데이션을 해주어 눈썹산 지점을 올리지 않고 수평이 되도록 만들어준 후, 눈썹꼬리까지 이어준다. 두께감이 너무 얇으면 얼굴이 더 길어 보일 수 있고 너무 두꺼우면 강한 인상을 줄 수 있으므로 주의해야 한다. 이때, 눈썹끝은 자연스럽게 살짝 내리면서 얇게 빼주어 얼굴의 폭이 좁아 보이지 않게 표현한다.

블러셔-얼굴이 짧아보일 수 있게 가로 방향 타원형으로 터치해준다.

내 얼굴에 맞는 블러셔 & 눈썹 확인하기

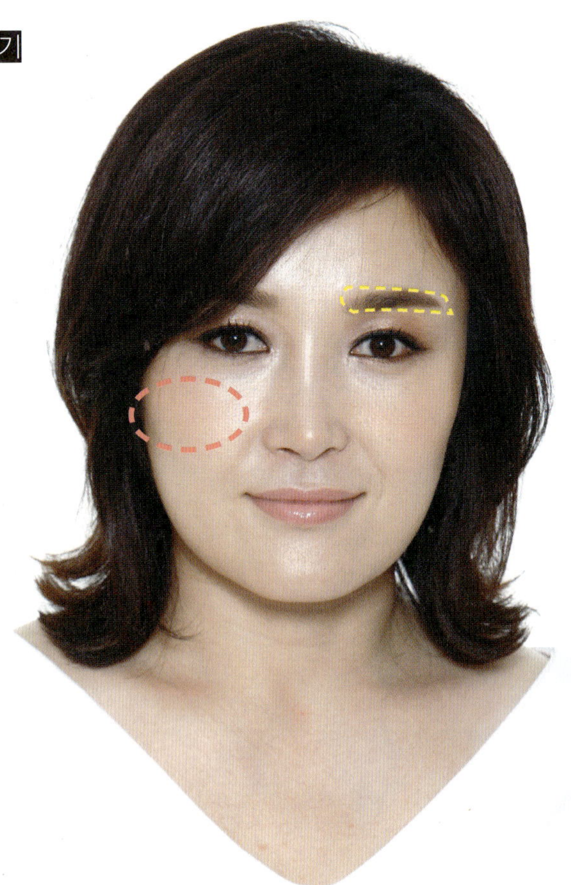

Step 2. 이것만은 기억하라

1. 어떤 얼굴형이더라도, 계란형에 맞추어 헤어와 메이크업을 보완, 강조한다면 90점의 얼굴점수가 나올 수 있다. 머리 스타일만 잘 바꾸어도 얼굴이 달라 보인다.

- 모든 아름다움의 콩깍지는 착시에서 나온다!
- 그대들이여! 아름다움을 불러일으키자!

2. 본질을 애써 바꾸려고 하지말고 나를 감싼 테두리를 아름답게 꾸미고 바꿔 보자! 막연히 연예인을 따라 하기보다 나와 비슷한 얼굴형의 주변인들을 기억 하고 그들의 모습에서 하지 말아야 할 스타일을 연구해 절대 따라 하지 말자!

- 누군가를 따라 할 때는 나와 비슷한 얼굴형의 연예인을 찾아라!
- 나만의 헤어 & 메이크업을 만들자!!

3. 당신의 헤어디자이너가 오직 Yes 만 외친다면 당장 바꿔라!

- 늘 같은 스타일 또는 스타일 제안이 서툰 헤어디자이너는 나를 바꿔 줄 수 없다.

4. 컷트와 컬러에 신경써라!

- 조금은 비싸더라도 컷트, 염색 잘하는 곳(퍼스널 컬러가 뭔지 아는 곳으로) 을 찾아가라! 오히려 비용을 절약할 수 있다.

5. 메이크업을 하고 옷을 입지마라

- 옷 컨셉에 맞게 헤어 & 메이크업을 하자.
- 간단한 립 컬러라도 신경써서 바르자!

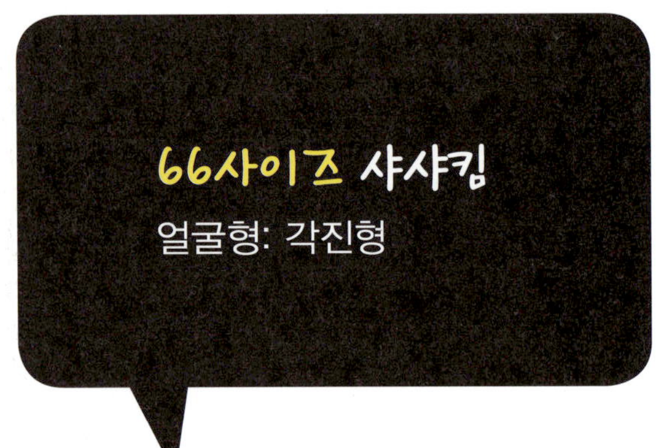

Condition

까무잡잡한 피부톤, 각진 짧은 턱, 나온 광대, 둥근 눈, 얇은 입술

Point

전체적으로 인상이 강하고 남성적인 느낌을 줄 수 있으니 부드럽고 여성스러워 보이는 이미지로 표현해준다.

헤어

짧은 머리의 경우 굵고 둥근 컬을 넣어 얼굴의 딱딱함을 중화시키고 이마 위쪽 볼륨을 풍성하게 넣어 각진 부분의 시선을 분산시켜주자. 짧은 머리는 머리카락으로 목선을 감싸며 옆선은 앞쪽 사선방향으로 떨어질 수 있게 커트해주자.

메이크업

눈썹

부드러운 아치형태의 눈썹을 추천한다.
브로우 쉐도우도나 펜슬로 눈썹 산을
둥글게 연결해 여성스럽게 만들어주자.

아이 쉐도우

회색보다는 브라운계열의 색상이 더 부
드러워 보인다.

아이라인

그릴 때 길게 빼주어 눈매가 시원해 보
이게 해준다. 속눈썹 점막 사이를 채워
주어 눈을 떴을 때 점막의 흰 부분이 보
이지 않게 해주자.

쉐딩

헤어라인부터 관자놀이, 광대, 양턱부분
을 바깥에서 안쪽으로 터치해주자.

하이라이트

턱에 세로로 터치해준다.

블러셔

피치계열을 광대에서 관자놀이까지 넓
게 터치해준다.

입술

매트한 립스틱이나
립틴트로 색감을준다.

**주의! 누드톤의 계열은 각진 턱선을 더
부각시킬 수 있으니 주의하자.**

Condition

붉고 하얀 피부톤, 긴 턱, 각진 이마, 큰 눈, 긴 코, 얇은 입술, 먼 눈썹과 눈 사이

Point

전체적으로 지루하거나 예민해 보이지 않게 장점을 부각시켜 최대한 짧은 얼굴과 어려보이는 이미지를 표현해준다.

헤어

얼굴 시선이 위아래로 보이기 때문에 제일 중요한 것은 옆 볼륨이 매우 중요한다.
옆 볼륨을 살려주어야 긴 얼굴이 중화되며 비대칭 가르마로 시선을 빼앗는 것이 중요하다. 머리는 스트레이트로 떨어지는 것 보다는 약간의 흐름을 넣어 주어야 좋다. 맨 끝 컬을 바깥으로 뻗치게 하여 시선을 가로방향으로 분산시켜주자.

메이크업

눈썹

일자 눈썹을 추천한다. 눈썹 앞머리부터 눈썹 산까지 일자 느낌으로 그려주고 눈썹 산부터 끝 쪽까지는 조금 내린다는 느낌으로 그려준다.

주의! 너무 얇으면 나이가 들어 보일 수 있으니 두께감, 길이감을 고려하여 짧지 않게 해준다.

아이 쉐도우

핑크 골드 계열을 넓게 펴주어 음영을 살려주자.

아이라인

길게 빼주고 아래쪽 언더라인에 펜슬로 라인을 그려주어 눈매를 길고 깊어 보이게 한다.

쉐딩

이마 모퉁이, 관자놀이에서 아래턱 부분까지 터치해준다.

하이라이트

눈 옆쪽으로 터치해준다.

블러셔

연 핑크 계열을 볼 안쪽부터 바깥쪽으로 수평으로 터치해준다.

입술

입술 색을 없애준 후 핑크 계열 중간 톤의 컬러를 발라준다.

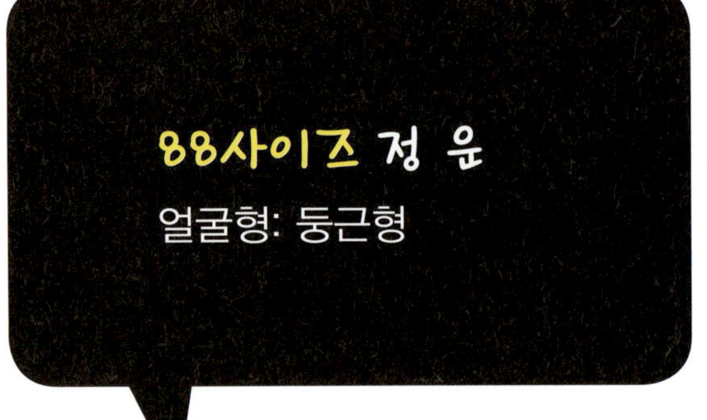

Condition

노랗고 하얀 피부, 뾰쪽하나 살이 많은 두 턱, 광대, 많은 볼 살, 가까운 눈과 눈 사이, 살짝 올라간 부어 보는 눈

Point

전체적으로 슬림하고 갸름해 보일 수 있게 온화한 이미지를 표현해 준다.

헤어

둥근형은 머리를 짧게 자르면 귀여워 보일 수 있으나 오히려 더 둥글게 보이기에 머리를 쇄골정도로 길러 주는 것이 좋다.가르마를 사선으로 타서 얼굴이 길어 보이게 하자. 가르마가 보이면 그 부분까지 얼굴선으로 보여 얼굴이 길어 보인다. 옆 볼륨보다 위쪽 볼륨을 많이 살려주고, 컬은 볼 쪽에 넣는 것 보다 밑에서 빠지는 웨이브를 하는 것이 좋다.

메이크업

눈썹

두께감 있게 눈썹 산을 각이 지게 그려
주고 끝으로 갈수록 얇아지게 그려서
얼굴형을 세련되고 슬림해 보이게 하자.
**주의! 연한 브라운컬러로 색감을 주고,
에보니 펜슬로 모양을 잡아준다.**

아이쉐도우

펄 감이 많은 아이 쉐도우나 입자가 두
꺼운 펄 감은 안 된다! 음영을 넣어 주
는 게 좋겠다.

아이라인

아래 눈꼬리가 올라가서 윗 눈꼬리와
겹치므로, 아래 눈꼬리의 라인을 일자
로 빼주거나, 아래 눈꼬리 끝 쪽을 쉐
도우로 진하게 해주어 올라가 보이지
않게 한다.

쉐딩

이마 쪽 헤어라인부터 바깥에서 안쪽
으로 브러시를 쓸어내리듯 터치해준다.

블러셔

산호색계열을 쓸어내리듯 사선으로, 볼 바
깥쪽을 신경 써 터치해준다.

입술

산호색, 피치톤의 립컬러가 고급스러워 보
인다.

Chapter 2
분위기있는
포니테일 연출법

계절에 상관없이 하나로 묶는 머리
일명 '포니테일'

연예인이나, 쇼핑몰에 언니들이 대충 틀어 올린 당고머리는
어쩜 저리도 자연스럽고 어려보일까?
했다면, 오산이다! 이것 또한 계획된 이미지 연출!

머리 하나로 묶는데도
연출하고자 하는 이미지에 따라
묶는 위치가 정해져 있다는 사실!

묶는 위치, 빗질의 방향, 가르마에 따라
연출되는 이미지가 다르다는 사실!
지금부터 예쁘게 묶을 수 있는 방법을 소개 할까 한다.

Step 1. 키야 커져라

아주 높게 묶는 머리는 섹시함, 강인한 느낌을 연출 할 수 있고, 키가 커 보이는 효과까지 얻을 수 있다. 또한 포니테일에 웨이브를 넣으면 사랑스러움을 더할 수 있다. 번 머리(당고 머리)를 높이 올리면 어려보이고 발랄한 이미지를 얻을 수 있고 헤어 라인에 잔머리가 있어야 어려 보인다!

Step 2. 난 소녀예요

중간 위치에 머리를 묶으면 소녀처럼 발랄한 느낌이 난다.
얼굴형을 고려해 뒤통수에 볼륨을 넣고 중간 높이의 시선에 맞게 묶으면 얼굴이
작아 보이는 효과를 기대할 수 있다.

Step 3. 분위기 있는 여자로

낮은 위치의 묶음 머리는 복고, 단아함, 그리고 세련된(시크한) 이미지를 연출 할 수 있다. 청순하면서 분위기 있어 보이는 스타일로 살짝 귀를 덮어주면서 뒤통수에 볼륨감을 살려 준다면 방금 런웨이에서 달려 나온 것 같은 패셔너블한 느낌까지 연출할 수 있다.

스타일리쉬 포니테일 묶는 법

방금 런웨이에서 왔어요

많은 '포니테일' 중 어떤 스타일이 나에게 어울리면서 페션너블해보일까?

−누구나 한 번쯤 해보고 싶은 런웨이에 등장할 법한 포니테일

−여성스러움을 강조하는 동시에 신경써서 묶은 티 안나는 포니테일

이런 스타일 연출 어렵지 않다. 지금부터 따라해보자.

웨이브를 자연스럽게 넣는다.

머리를 내츄럴하게 밑으로 묶는다.

묶은 머리 중 가운데
머리를 빼서 잡아당긴다.

머리가 봉긋하게 솟으면 손으로
다시 한 번 볼륨을 조절한다.

옆 머리를 자연스럽게
두손으로 빼고, 거울을 보며
애교 머리를 정리한다.

거울을 보며 애교 머리를
마저 정리한다.

PART 03

▶ Body Making

Chapter 1
아름다운 나 만들기

BODY
MAKING

표정과 포즈도
실력이라고 말한다.

뚱뚱하던 날씬하던 모든 여성은 여성으
로서의 그 자신의 아름다운 자태가 있
다. 내면에서 뿜어져 나오는 우아함과
유머러스한 느낌을 잘 표현하게 되면 굳
이 살 빼기에 집착하지 않고도 있는 그대
로의 모습에서 자신만의 표정과 본인이
선호하는 포즈를 통해 자신을 고부가가
치로 창출할 수 있다.

자신의 감정표현과 당당함을 드러나게 할
수 있는 최고의 자세는 어려운 것이 아니
라 몇 가지만 연습하게 되면 자연스럽게
베어 나오게 된다.
특별한 순간을 위해서 표정과 포즈를 만
들어낼 필요가 없다.

가장 아름다운 것은 자연스러움 그 자체에
서 느낄 수 있다.

예를 들어 김희애와 전지현이 아름다운
이유는 인위적이지 않은 자연스러운 아름
다움이 있기 때문이다. 그렇기 때문에 훨
씬 더 빛나는 아름다움을 표현할 수 있는
것이다. 그렇지만 이것만은 기억해라. 그
녀들의 그 자연스러움도 그들만의 끝없는
훈련을 통해서 만들어 냈다는 것을!

만약 당신이 지금까지의 시도했던 방법들
이 만족스럽지 않았다면 마지막으로 이 책
을 통해 성공할 수 있는 기회를 만들어 보자.

Step 1. 자기의 나이를 잊어라

스물하고 셋만 지나도 나이를 연연하는 시기…… 애 엄마가 당연하지, 아줌마가 되면 다 그래, 이 나이에 무슨, 이 나이에 이 정도면 충분하지, 혹은 나도 젊었을 때는 잘나갔어.. 라는 자기 합리화를 잊고 자신이 보여주고 싶은 생각의 나이를 가져야 한다.

Step 2. 컬러와 리듬에 민감하게 반응하라

'뚱뚱하니까 이런 색은 안돼!', '나이가 들었으니 이 색은 곤란해!', '쑥스럽게 이런 표정을 어떻게 짓니?' 보이는 눈에서 생각의 눈으로 바꾸자.

Step 3. 남의 시선을 즐겨라

문밖을 나오는 순간 당신은 모델이고 거리는 당신의 무대이다. 건널목을 건너갈 때 무대의식을 가지고 걸어라. 걸을 때, 서있을 때, 앉아있을 때, 말할 때 사람들의 시선을 카메라 앵글이라 생각하고 항상 방향성을 가져라.

Step 4. T.P.O에 맞는 대화와 포즈에 대한 컨트롤을 하라

혹 당신이 직장인이라면 당신의 직업을 고려해 오늘 만날 사람, 만날 장소에 따라 자신의 의상을 체크해야 할 뿐 아니라 대화의 콘셉트나 포즈를 위한 연습과 마인드 컨트롤이 필요하다.

Step 5. 나쁜 행동을 버리자

입 가리기, 머리카락으로 얼굴 가리기, 사진촬영 시에 뒷줄 찾기, 앉을 때 쿠션이
나 가방으로 배 가리기 등 자신감 없는 행동을 버리고 허리를 펴고 당당하게 활
짝 웃자.

Step 6. 한 포즈, 한 동작부터 시작하라

시작이 반이다. 몸의 기본자세를 잘 지키면 당당해 보일뿐만 아니라 동시에 날씬
해 보일 수 있으며 더불어 키도 1cm 정도 더 커 보일 수 있다.

물론 이 사실을 다 알고 있겠지만 그것을
실천하고 직접 행동하는 것은 결코 쉽지않
다. 하지만 괜찮다. 지금 이 순간부터 변할
수 있는 사소한 동작 하나부터 시작하자.
그다지 어렵지 않다.

이 책에서 전하는 단 몇 가지의 동작을 꾸
준히 실천만 해도 '무언가 예뻐진 것 같은
데?', '무언가 달라진 것 같은데?' 라고 느
낄 수 있을 것이다. 그렇다면 당신은 그 순
간부터 포기하지 않게 될 것이며 이후 또
다른 당신으로 다시 태어나 있을 것이다.

Chapter 2

아름다운 몸을 위한
체크 & 스트레칭

Step 1. 바디 스타일링 체크

바른 자세란 앉을 때 귀, 어깨, 고관절 라인이 일직선이 되도록 턱을 당겨 목이 C자 커브가 되어야 하며 허리를 곧게 편 상태로 어깨를 아래로 편안하게 떨어뜨리는 자세를 말한다.
자신의 몸을 바라볼 때 몸무게 중심에서 몸 라인의 균형 중심으로 바꾸면 훨씬 날씬해 보일 수 있다.

1) 체형 Styling 평가 및 분석

체형을 체크 할 때는 컬러 테이프를 아래 라인을 따라 자신의 몸에 붙혀서 거울을 통해 기울기를 확인하고, 스스로 평가와 분석을 해보면 된다.

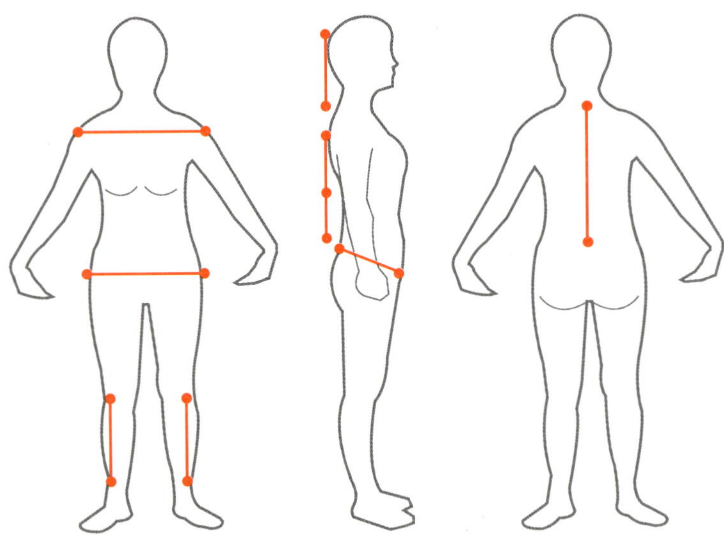

(1) 상체 평가 및 분석

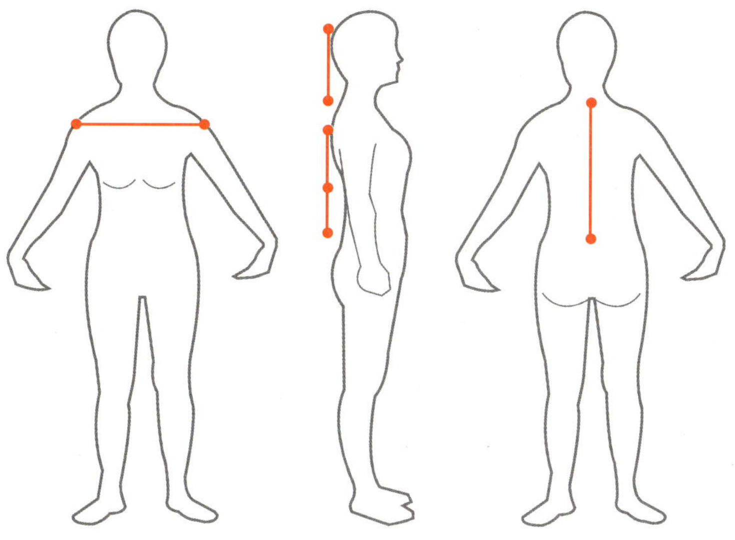

측정 항목	평가 방법	평 가
어깨 기울기	어깨 일직선 (좌 우 각도)	☐ 정상 ☐ 경미 ☐ 심각
상체 기울기	목~등 중앙까지 일직선 (전 후 각도)	☐ 정상 ☐ 경미 ☐ 심각
척추 휨 정도	목~엉덩이까지 일직선 (좌 우 각도)	☐ 정상 ☐ 경미 ☐ 심각

평가 항목	문제점
어깨 기울기	흉곽탈출증후군, 측만증, 체형 좌우 불균형
상체 기울기	둥근 어깨 증후군, 요추신전증후군 흉추 신전 증후군, 동견관절(오십견)
척추 휨 정도	척추 측만증, 체형 불균형

(2) 하체 평가 및 분석

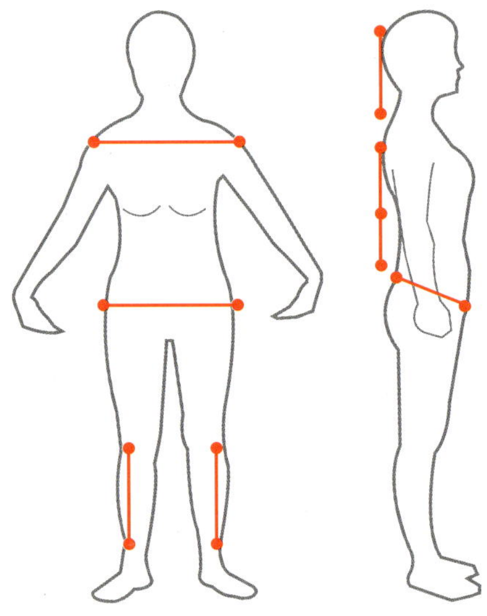

평가항목	평가 방법	평 가
골반 좌우 기울기	골반 좌우 비교(좌 우 각도)	☐ 정상 ☐ 경미 ☐ 심각
골반 전후 기울기	골반 앞뒤 비교(전 후 각도)	☐ 정상 ☐ 경미 ☐ 심각
다리굴곡	무릎중앙~발목중앙까지 일직선	☐ 정상 ☐ 경미 ☐ 심각

평가항목	문제점
골반 좌우 기울기	척추전만, 요추신전 증후군 다리길이 차이(짝다리), 골반 비틀림
골반 전후 기울기	척추전만, 요추신전 증후군 다리변형, 고관절 이상
다리굴곡	O, X 자형 다리 변형 및 팔자다리 등의 고관절 변형

Step 2. 잘못된 자세를 바로잡는 바디 스타일링 & 스트레칭

1) 쇄골라인 바로잡기

아름다운 쇄골은 길게 뻗은 목 라인과 구부러지지 않는 어깨 어느 한 쪽 삐뚤어지지 않은 채 양쪽으로 평행을 이루며 앞쪽으로는 볼록하게 C자 형태를 이룬 라인을 말한다.

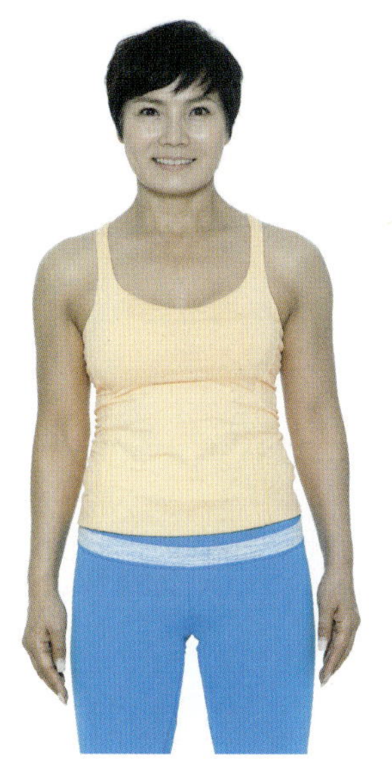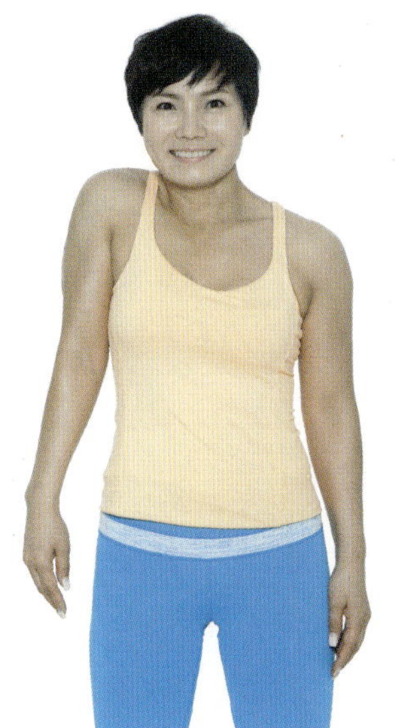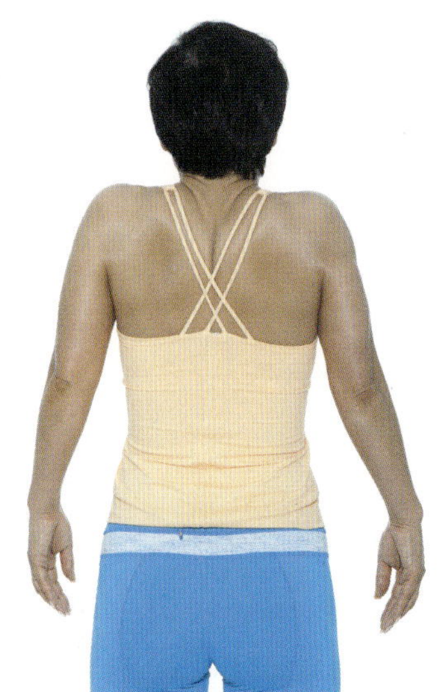

동작설명

1. 오른쪽, 왼쪽 어깨를 큰 원을 그리듯 크게 돌려준다.
2. 양쪽 어깨를 동시에 돌려 승모근을 뒤로 늘려주면서 아래로 내려준다.

2) 척추라인 바로잡기

척추가 무너지면 목과 어깨 견갑골, 그 주변부에 뼈와 근육까지 모두 변이가 된다. 상체가 구부정한 자세는 척추 기립근과 복부근육이 약화되어 어깨가 앞으로 말려들기 때문이다. 척추는 코르셋과 같아 탄탄하게 조여주어야 좋다.

1. 복부, 허리, 힙을 바닥에
밀착시킨다. (30초 버티기)

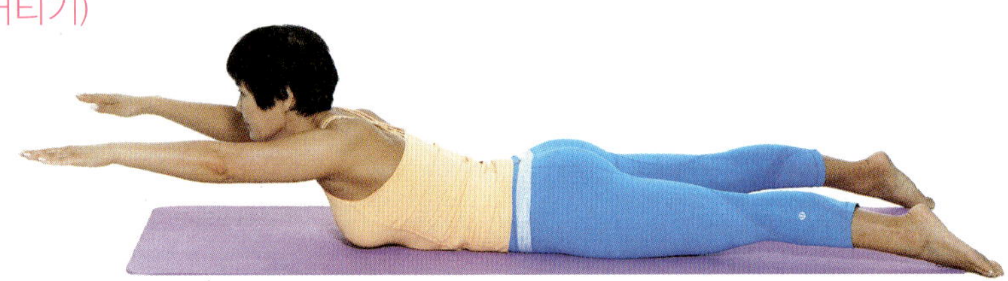

2. 복부를 바닥에 밀착하고 하
체를 들어준다. (30초 버티기)

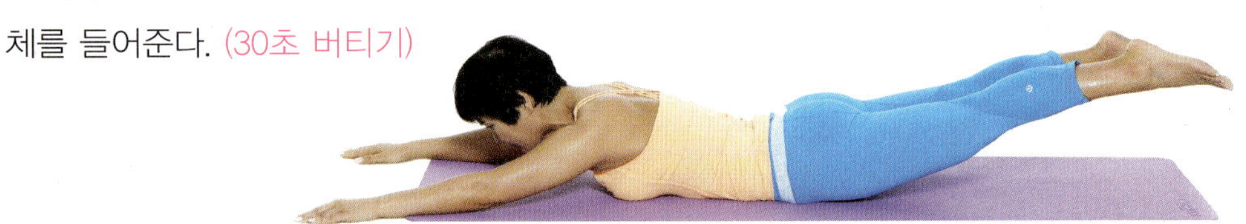

3. 상 · 하체를
동시에 30초 버텨준다.

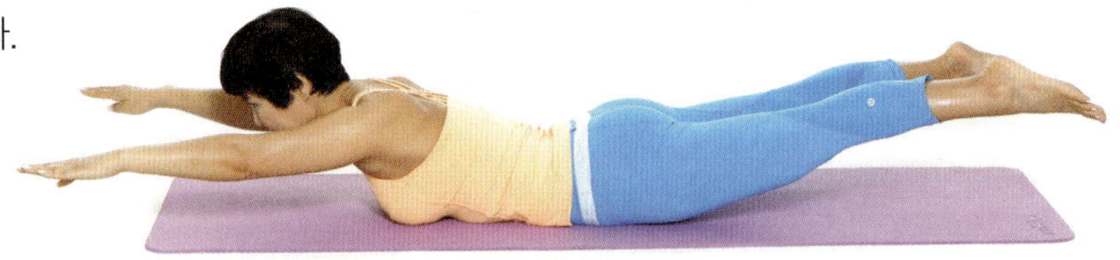

3) 골반 바로잡기

엉덩이 근육은 '서 있는 다리' 라고 말한다. 젊은 여성들일수록 엉덩이는 하루 종일 핍박 받고 있다. 예쁘고 섹시한 애플 힙은 골반의 균형에서 시작된다.

1. 어깨 넓이 만큼 무릎을 벌려준 채 골반을 연 후 무릎과 힙을 동시에 위로 올려 준다. (30초 버티기)

2. 이후 무릎과 무릎을 붙여준다. (30초 버티기)

3. 허리에 무리가 가지 않도록 천천히 내려준다.

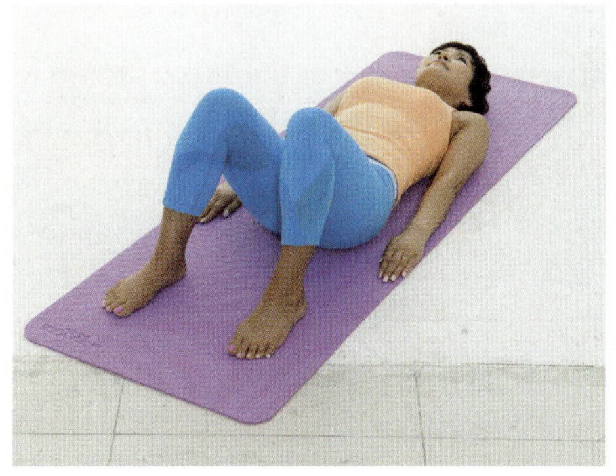

4) 종아리 굴곡 바로잡기

요즘 젊은 여성들은 하이힐을 많이 신기 때문에 다리 뒤쪽 근육이 점점 짧아지고 허벅지 안쪽 근육이 약해지면서 하체 비만과 다리부종이 생기며 O자 다리나 8자 걸음의 모습들도 쉽게 보인다.

종아리 스트레칭은 각선미와 매력적인 걸음걸이를 위해서 꼭 빠질 수 없는 중요한 스트레칭이다.

2. 손바닥과 발바닥을
동시에 내린 후 힙을
최대한 위로 끌어 올려준다.
100초 버티기!

* 절대! 발 뒤꿈치가 바닥에서
떨어지지 않도록 한다.

PART 1

PART 2

PART 3

PART 4

123

Chapter 3
당당한 아름다움을 위한
바디 스타일링

Step 1. 바디 스타일링 출발 전 .."준비 땅"

자, 이제부터 모델처럼 당당한 포즈연습에 들어가 보자! 포즈 연습 전 가장 기본 단계인 몸의 균형 잡기부터 시작해보자.

따로 시간을 투자하지 말고 TV를 볼 때나 서 있을 때를 이용하자. 이때 벽을 이용하면 더 쉽게 연습할 수 있다. 만약 마땅한 벽이 없다면 상상으로 벽을 세워 몸을 맡겨보자 이때 5~7cm 높이의 하이힐을 신고 가능한 몸의 실루엣이 드러날 수 있는 레깅스와 티셔츠를 입어주는 것이 좋다.

1. 누워있는 느낌으로 벽에 완전히 밀착 한다.

2. 머리 끝에 줄이 달린 느낌으로 몸을 위로 늘려주고 턱은 자연스럽게 앞으로 당긴다.

3. 쇄골라인을 펴고 어깨를 벽에 밀착시킨다.

4. 복부에 힘을 실어 등 쪽으로 밀어주고 허리라인 또한 벽에 밀착시킨다.

5. 괄약근을 조여 허벅지를 붙게 한 후 엉덩이가 최대한 올라가도록 힘을 준다.

6. 무릎과 발을 서로 붙여 전체 몸이 일직선이 되도록 균형을 잡는다.

7. 손가락을 가지런히 모아주고 손등이 앞으로 보이지 않게 다리 옆 라인에 붙인다. 이후 팔과 어깨의 힘을 뺀 상태로 아래로 떨어뜨려준다.

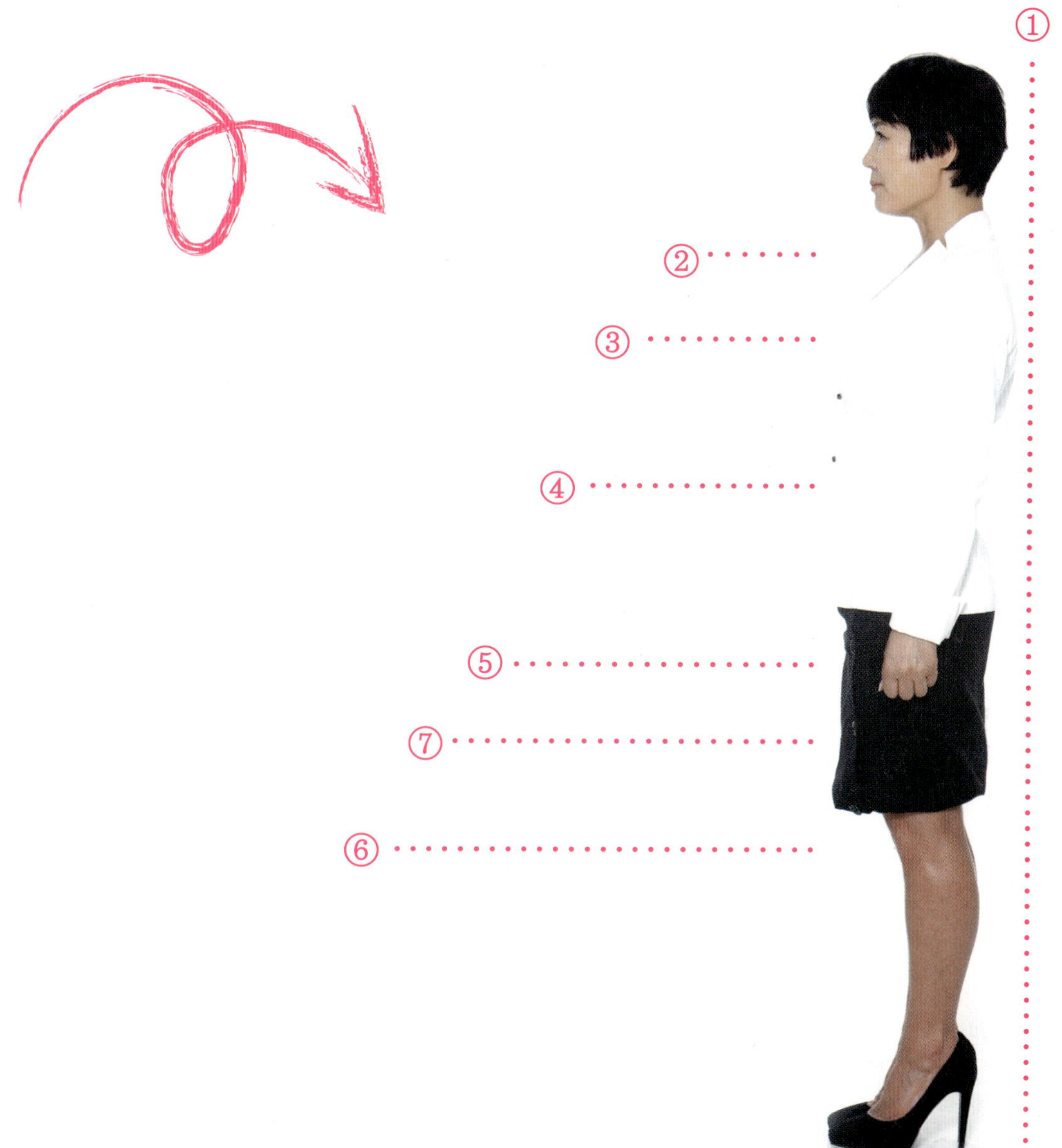

PART 1
PART 2
PART 3
PART 4

Step 2. 얼굴 표정 만들기

표정 없는 얼굴은 정말 따분하다.

젊고 행복한 표정은 평소 거울을 볼 때의 작은 습관만으로도 가능하다.

눈으로 웃는다는 생각으로 눈 꼬리에 힘을 빼고 입을 살짝 벌려 미소를 지어준다
면 생동감 있고 당당한 표정을 연출 할 수 있다.

한마디로 밝아 보일 수 있다는 것이다. 또한 자신에게 맞는 헤어스타일과 메이크
업, 꾸준한 피부 관리는 매력적인 표정을 연출할 때 더욱 중요한 시너지 효과를
줄 수 있다.

1) 고개와 시선에 따른 얼굴 표정

위: 누군가를 기다리는 듯한   정면: 위풍당당한 자신감이   아래: 다소곳이 생각에
차분한 분위기의 표정   넘치는 표정   잠긴 표정

2) 잘못된 시선과 고개

고개와 시선이 다른 방향일 때는 익살스럽고 귀여운 느낌도 줄 수 있지만 부정적 의미의 표정이 될 수 있다.

Step 3. 마치 모델처럼 당당하게

1) 건강한 걸음걸이

건강한 걷기 운동은 상체를 똑바로 펴고 팔은 90도 정도로 구부려 팔과 다리가 반대로 움직이게 하되 해야 할 동작을 크게 하는 것이 좋다. 특히 땅에 발을 디딜 때에는 뒤꿈치부터 바닥에 닿게 한다.

2) 당당한 걸음걸이

당당한 걸음걸이는 고개를 들어 시선을 멀리 보고 팔은 팔꿈치를 뻗은 상태에서
경쾌하게 흔들어 주는 것이 좋다. 이 때 손등은 앞으로 보이지 않도록 한다.
보폭은 자신의 어깨 넓이만큼 벌려주고 무릎과 무릎이 가볍게 스치도록 하며 발
바닥 전체가 땅에 닿는 느낌으로 걷는다.

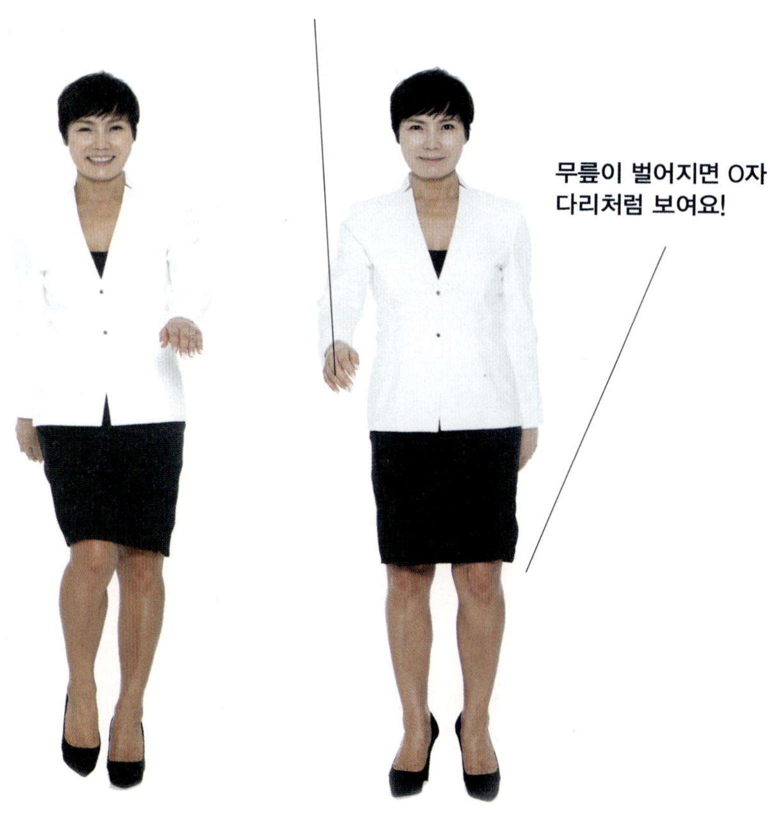

당당한 걸음걸이 ◎   잘못된 걸음걸이 ⊗

Step 4. 나는 패션 모델이다

서 있는 자세들은 스타일을 만들어내는데 있어 가장 쉬운 자세로 활용되는 포즈이다. 손, 발, 시선 그리고 다양한 바디의 면을 이용하여 여러가지의 바디 스타일링을 표현할 수있다.

1) 앞면

몸의 앞면을 보이는 것은 스스로가 의도하는 자신감 있는 태도와 긍정적인 'YES'의 감정을 전달하기 위한 몸의 표현이다.
이 자세는 다소 도발적인 느낌을 주며 일상적일 때 보다는 프로페셔널한 모습을 보이는 비즈니스 의상에 적합하다.

나쁜 자세 ⊗

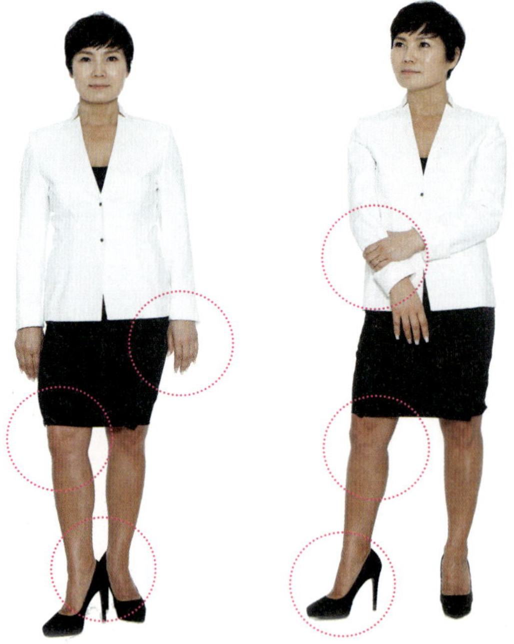

좋은 자세 ◎

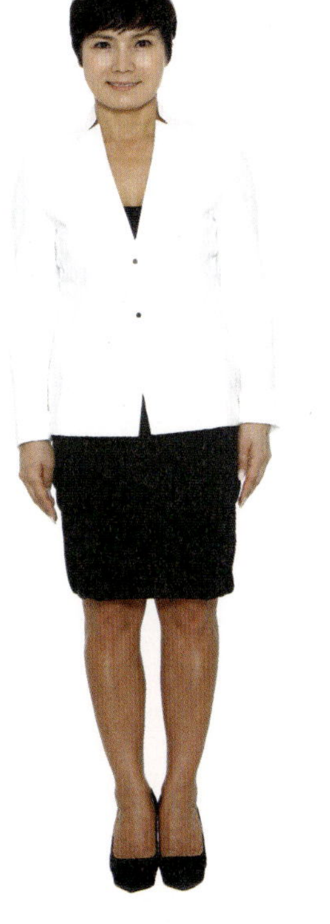  

Tip

체중을 한쪽으로 이동시키면서 만드는 포즈.
가장 편안한 자세 중 하나가 체중을 한 쪽 힙에
놓이도록 하는 포즈이다. 둔부의 체중을 좌우로
바꿔주어 편안하고 신뢰할 수 있는 분위기를 조성
해 주는 자세이다. 서 있을 때는 무릎을 앞으로 살
짝 꺾어 준 채로 구두의 앞 코를 살짝 들어준다.

2) 옆면

몸의 옆면은 유혹적인 자세로 묘사되기도 한다.

광고에서는 의류나 보석, 화장품, 향수 등 유혹적인 상품을 팔기 위해 신체의 측면을 보여주는 포즈로 표현한다.

옆 모습을 보이며 눈빛을 어깨너머로 응시하는 포즈는 편안한 느낌과 함께 섹시한 모습을 보여준다.

나쁜 자세 ⊗

좋은 자세 ◎

3) 뒷면

몸을 등지게 보이는 것은 자신을 보호하려 하거나 '아니오'라는 감정을 전달하기 위한 몸의 표현이다.

선 자세에서 간단한 꼬임을 주는 것만으로도 자신이 갖고 있는 이미지를 완전히 달라 보일 수 있게 만든다.

나쁜 자세 ⊗

좋은 자세 ◎

Step 5. 손과 발을 느낌있게

1) 손을 이용한 느낌 만들기

두 손으로 귀 뒤나
머리 결을 만지면
시크한 분위기를
연출할 수 있다.

양손을 허리에 두면
당당하고 약간의
거만스러움을
연출할 수 있다.

한 손을 허리에
두는 자세는 편안함
과 신뢰감을
연출할 수 있다.

앞쪽으로 한 쪽 팔을
잡으면 누군가 기다리
거나 일상에서 해방
되는 분위기를 연출
할 수 있다.

클러치를 잡을 때는
손가락을 가지런히
사선으로 모아 잡아
주며 손의 위치는
클러치의 2/3 지점을
잡아주면 좋다.

나쁜 예
클러치를 조금 안
쪽으로 잡아주자.

2) 발 끝과 다리 위치에 따른 느낌 만들기

곧게 선 자세는 자신감과 도전감있는 모습으로 연출할 수 있다.

한쪽 다리를 살짝 꺾어주는 자세는 평소와 전혀 다른 활동성의 모습을 연출할 수 있다.

발에 앞 끝을 안쪽으로 모으면 귀엽고 발랄한 모습으로 연출할 수 있다.

앞뒤로 발을 교차해 주면 차분하면서도 클래식하게 그리고 우아한 모습으로 연출 할 수 있다.

한 쪽 다리를 꺾어
올려주는 자세는 평
소와 전혀 다른 활동
성의 모습을 연출할
수 있다.

Step 6. 샤론스톤처럼 도도하게 앉기

서 있는 자세가 당당함을 표현하는 자세라면 앉은 자세는 장시간의 미팅을 진행할 때나 상대방에게 긴밀감과 친밀감을 줄 때 더 효과적인 자세이다.

앉을 때는 다리를 사선으로 다소곳이 모아주고 척추와 배에 긴장감을 주며 어깨에 힘을 빼도록 한다. 이때 양손은 치마 끝자락에 포개 놓으면 좋다.

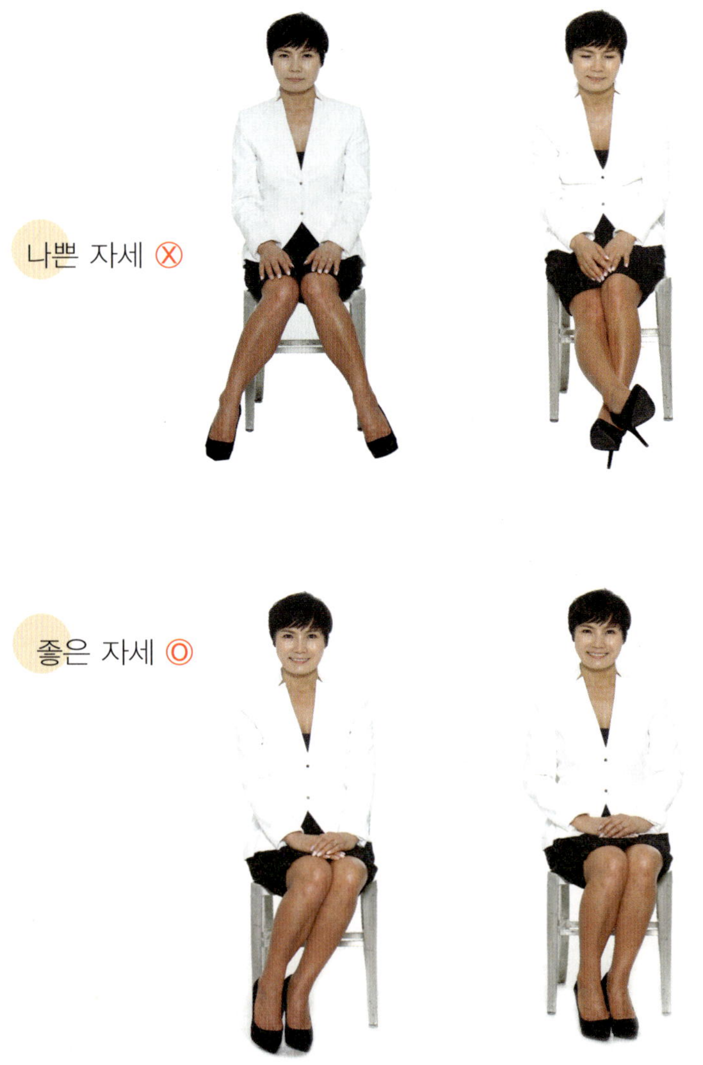

몸이 유연하다는 것은 젊다는 것을 말한다.

하루 종일 흐트러진 근육과 뼈는 하루에 한 번만 잡아주면 된다. 근육이 유연하지 않으면 멋지고 당당한 자세 또한 쉽게 연출되지 않으며 연습을 해도 원래 몸이 기억하고 있는 자세로 되돌아가 실패하기가 쉽다.

그렇기 때문에 평소에 자주 사용하지 않는 근육 중심으로 하루에 한 번 정도 한 가지씩만 일주일 동안 반복하게 되면 당신 몸은 리듬을 찾게 되고 마치 모델처럼 멋지고 당당한 포즈를 자연스럽게 연출하게 될 것이다.

하루에 한 동작씩 100초만 투자해 보자.
Let's Go 스트레칭~!

PART 04

▶ Weekly Fashion Making

Chapter 01
월요일, Simple

"지적 이미지는 간결하고 심플한 실루엣에서 나온다"

Simple is the best

미팅과 회의로 한 주를 시작하는 월요일,
기본 아이템인 정장자켓으로 원포인트 코디를 시작해 보자.
코디네이션은 더하는 것이 아니라 빼는 것이다.
옷이 주인이 아니고 내가 주인이라는 것을 잊지 말자.

66

Style 1

Simple

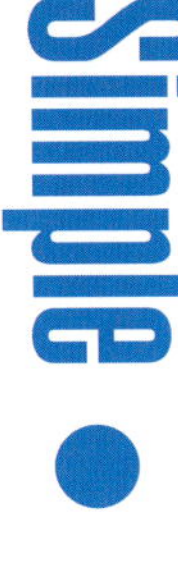

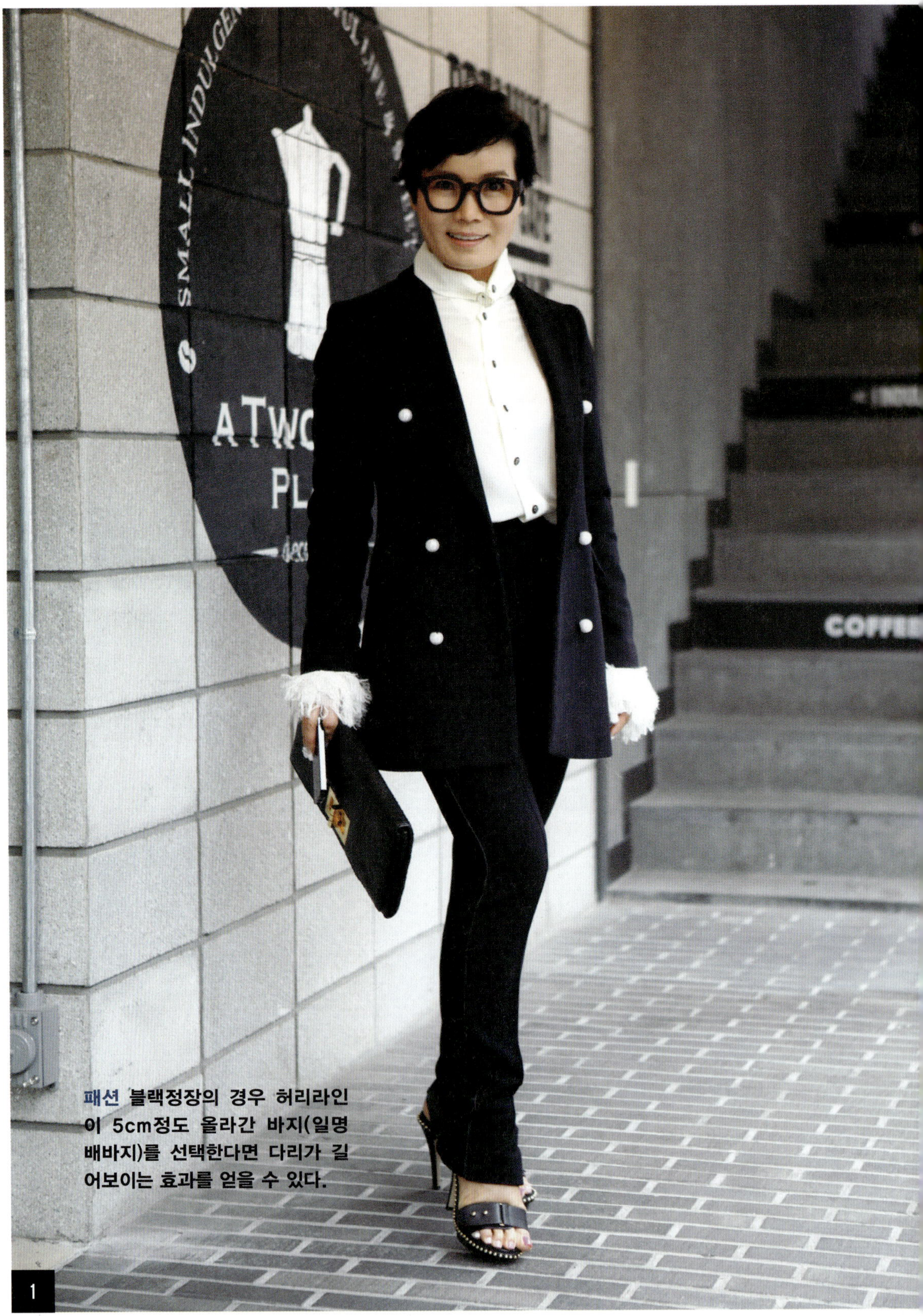

1

패션 블랙정장의 경우 허리라인이 5cm정도 올라간 바지(일명 배바지)를 선택한다면 다리가 길어보이는 효과를 얻을 수 있다.

소품 (1-1, 1-2) 자칫 지루해보일 수 있는 블랙과 화이트에는 디테일이 가미된 진주 단추나 러플이 달린 소매와 같은 장식적인 요소를 즐겨보자.

헤어 (1-3) 컬을 넣어 뻗치는 느낌은 시선을 분산시키기 때문에 각진 얼굴에 화사함을 더해준다.

메이크업 (1-3) 피부톤에 맞게 베이스를 화사하게 한다.

포즈 (2) 어깨에 힘을 빼고 손을 허리에 당당하게 올려보자.

메이크업 (2-1) 레드와인 계열의 매트한 립스틱이 포인트! 깔끔한 카리스마를 줄 수 있다.

패션 여성스러우면서 세련된 치마
정장을 원한다면 디테일과 S라인
실루엣에 신경을 써보자.

실루엣에 신경을 써보자.

1-1

1-2

소품 (1-1) 화이트 정장을 강조하기 위해 액세서리를 착용하지 않는 것도 하나의 연출이다.

포즈 (1-1) 자신감 있게 척추를 세우고 가슴을 활짝 내밀어 보자.

메이크업 (1-2) 월요일 테마에 맞게 SIMPLE! 얼굴의 T존과 턱 부분에 하이라이트를 넣어준다.

Tip! 광택+무광택

패션 (2, 3) 에나멜 스커트처럼 광택이 있는 원단은 광택이 없는 원단과 매칭해야한다.

소품 (2, 3) 스커트에 광택이 있으면 시선이 아래로 가기 때문에 키가 커보이기 위해서는 볼드한 액세서리나 안경으로 시선을 위쪽에 가도록 해주자.

2

3

4

패션 (2, 3) 블랙 구두는 안정감을, 화이트 구두는 가볍고 시원함을 준다.

패션 (4) 블랙+화이트+그레이 모노톤의 기본코디!

66

Simple 

패션 키가 작은데 길이가 긴 자
켓을 선택 할 경우, 허리라인이
내 허리보다 위에 있는 것을 고
르고, V존(네크라인)은 짧은 것
을 선택하면 된다.

포즈 어깨에 힘을 빼고 손을 허
리에 당당하게 올려보자.

헤어 (1-1) 머리를 뒤로 2:8로 넘기면 깔끔하고 스마트한 이미지를 준다.

소품 (1-2) 다리가 길어 보이길 원한다면 팬츠와 구두의 컬러를 맞춰라!

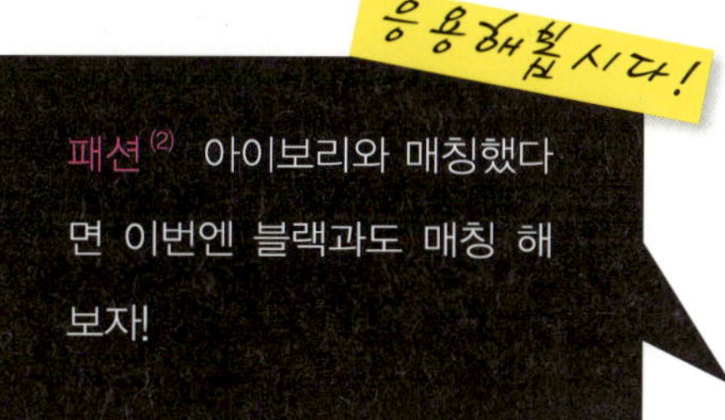

Simple ●

1

1-1

1-2

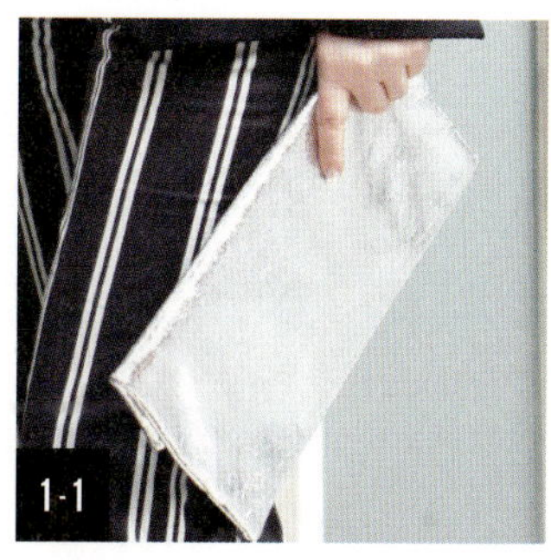

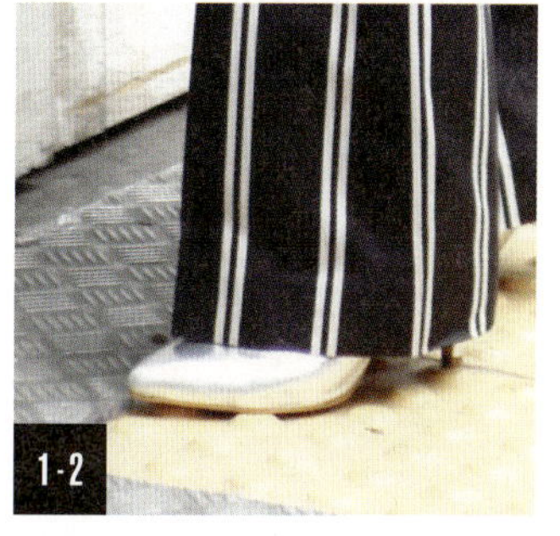

포즈 (1-1) 손의 위치를 클러치의 중앙으로 살짝 옮겨보자.

패션 (1-1, 1-2) 실버 클러치와 구두가 더해져 세련되게 보인다.

1-3

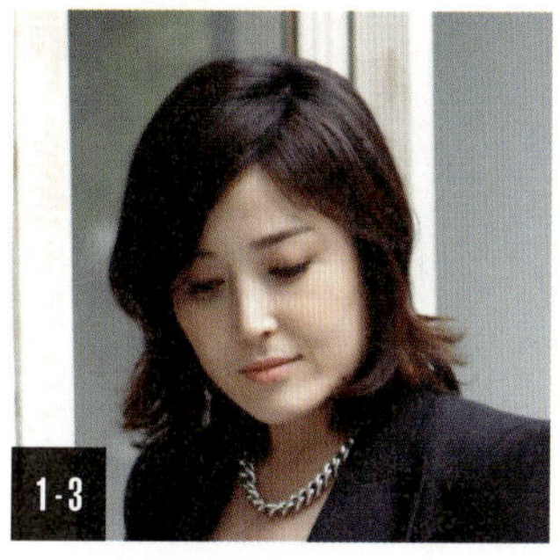

헤어 (1-3) 가르마를 7:3으로 긴 얼굴형을 길어보이지 않게 시선을 분산시킨다.

메이크업 (1-3) 소프트한 피치 톤의 아이쉐도우로 음영을 주어 화사하게 표현한다.

응용해봅시다!

패션 (2) 상체가 단점이라면 어깨선을 세워라! 신체의 장점엔 밝은 색을, 단점엔 어두운 색을, 이너웨어는 다양한 색상과 프린트 패턴으로 입어보자

헤어 (2) 긴 얼굴형은 얼굴을 묶을 때 밑머리를 힘을 빼서 묶고, 뒷머리가 앞에서 봤을 때 보이게 해서 턱에 시선이 쏠리지 않게 한다.

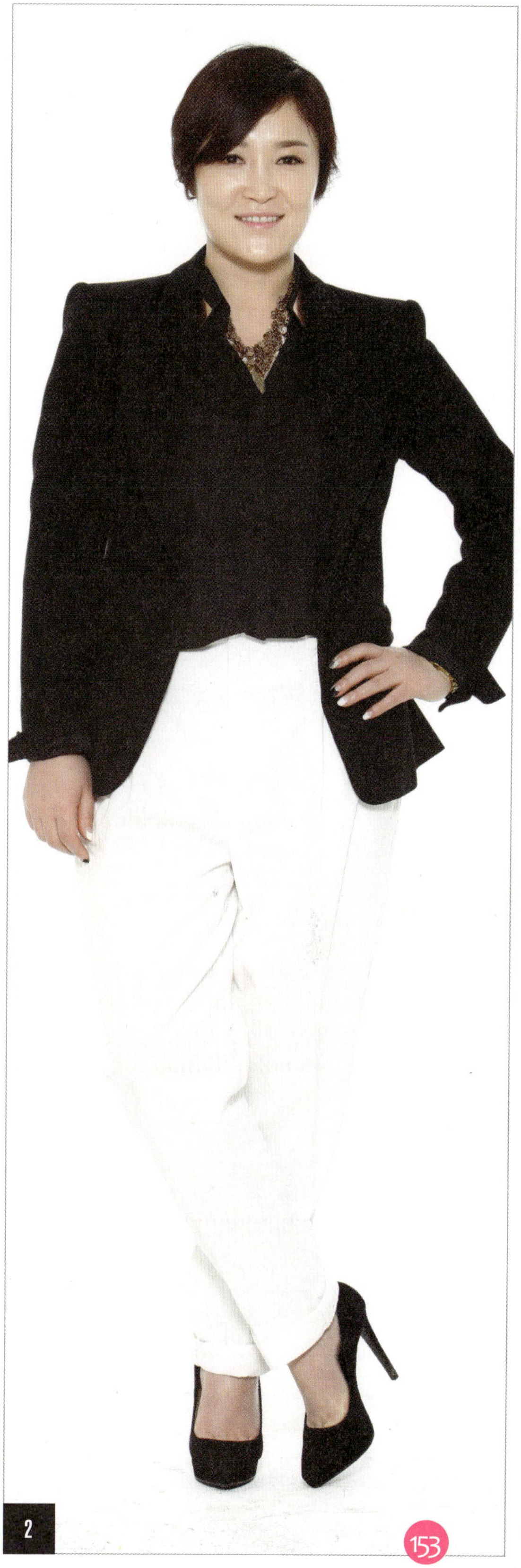

2

패션 여성스러움을 강조하고자 할 때 원피스만한 것이 없다. 컬러플한 원피스 하나만 입기 부담스럽다면 기본 화이트 자켓을 입어 보자.

2

3

패션 (2, 3, 4) 화이트 자켓에 무늬나 컬러감있는 하의를 매칭하면 외출 끝! 자신 있는 부위를 드러낸다면 오히려 자신 없는 부위가 감춰질 것이다.

4

5

패션 (5) 화이트 자켓에 블랙 팬츠는 기본코디!

Simple ●

Tip!
정장 + 캐주얼

패션 자신 있는 부위는 타이트
하게 그렇지 않은 부위는 헐렁
하게 정장 자켓과 스키니 팬츠
의 믹스매치로 가벼운 세미 정
장 스타일을 연출해보자.

1

메이크업 (1-1) 파운데이션을 바르기 전에 피지조절 프라이머를 발라 뽀송한 피부를 표현해보자.

메이크업 (2-1) 진한색상의 아이쉐도우를 쌍꺼풀위보다 좀 더 위쪽으로 그라데이션 해준다.

패션 (2) 자켓 안에 긴 티셔츠로 살짝 가려주면서 화이트진과 매칭해보자.

패션 (3) 상하의 컬러를 메인사진과 반대로도 매칭해보자.

Simple ●

패션 블랙 롱 자켓에는 와
이드형 통바지보다 일자형
바지가 더 슬림해 보인다.

소품 (1-1) 리본스타일의 브로치를 한쪽 가슴위에 세로로 달아 보자. 비대칭만으로도 날씬해 보인다.

메이크업(1-2) 진한색의 쉐도우로 눈꼬리 부분에 살짝 포인트를 주자.

Tip! 무늬+솔리드

패션(2) 와이드 팬츠를 입으면 더 뚱뚱해 보이지만 무늬가 있는 것을 선택하여 시선을 분산시키자. 단, 큰 무늬보다 작은 무늬를 선택해보자.

헤어(2) 자연스러운 바깥으로 뻗치는 아웃컬을 넣어 둥근 얼굴형을 커버한다.

패션(3) 셔츠를 밖으로 내어 입어 스키니진과 입어 보자.

Simple ●

패션 엉덩이가 작다면 와이드팬츠나 롱 스커트가 잘 어울린다. 줄무늬로 시선을 주었으니 화이트 자켓으로 가벼움을 주자. 내 몸이 한결 가벼워 보일 것이다.

패션 (2) 허벅지가 굵을 경우, 스키니 팬츠보다는 스커트를 입어라! 내 허벅지의 굵기를 눈치채지 못할 것이다.

액세서리 (2, 2-1) 액세서리의 굵기와 스커트의 허리선 위치에 따라 느낌을 다르게 연출 할 수 있다.

포즈 (1-1) 무릎을 살짝 굽혀 섹시하게 치마 속 바디 실루엣을 살려보자.

메이크업 (1-2) 피치톤의 블러셔를 사선으로 터치해 얼굴을 길어 보이게 표현하자.

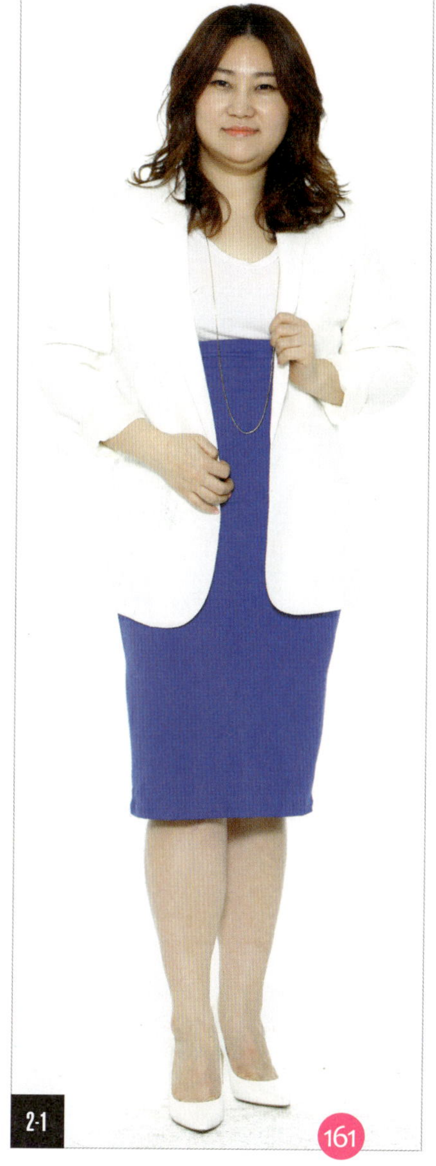

Tip! 숏+롱
패션 크롭 쟈켓은 뚱뚱한 사
람이 절대로 입으면 안된다?
길이가 긴 민소매 탑 하나만
있으면 코디 OK!
물방울 무늬 와이드 팬츠와
매칭해도 문제없다.

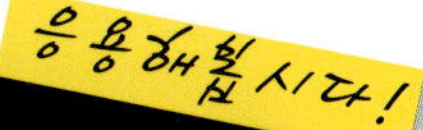

패션 [2] 시스루는 날씬한 사람만 입어야 한다? 단점은 가려주면서 장점을 들어낼 수 있는 시스루 룩을 잘 활용해보자. 여성스럽고 섹시한 연출이 가능한 아이템이다.

헤어 [2] 가르마를 7:3으로 사선으로 타서 얼굴을 길어 보이게 만든다. 뻣치는 웨이브로 시선을 볼쪽에 쏠리지 않게 한다.

메이크업 (1-1) 베이비 피치톤의 립스틱으로 내츄럴하게 표현한다.

1-1

2-1

포즈 [2-1] 날씬해 보이고 싶다면 손등을 살짝 감춰보자.

2

Chapter 02
화요일, Magic Tuesday

한 주 중에 가장 길게 느껴지는 날이 화요일이라고 한다.
그런 요일인 만큼 특별한 날로 만들어보자. 누가 알겠는가?
마법같은 일이 일어날 지..화요일을 컬러플한
화사함으로 맞이해보자. 다 같이 외쳐보자

"Magic Tuesday!"

Tip! 숏 탑 + 롱 팬츠

패션 "컬러로 사람을 사로 잡아라" 주목성이 높은 원색을 입을 때는 디자인이 간결해야 한다. 보색 컬러 코디는 화려하고 경쾌함을 준다. 오늘만은 내가 주인공이다. 롱 자켓은 키 큰 사람만 입는다? 1:1.6 비율에 신경 쓰면 문제 없다.

1

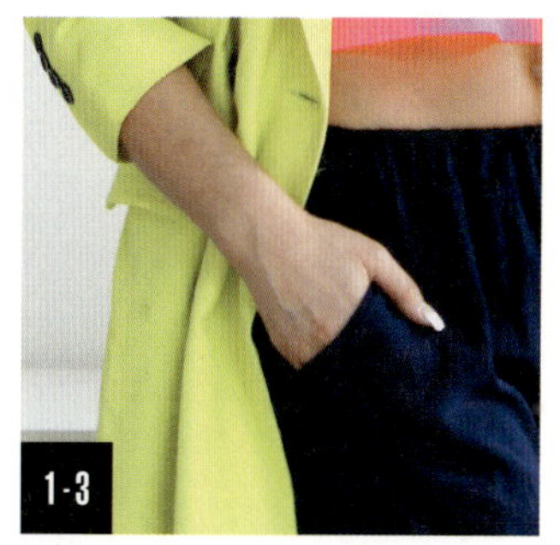

패션 (1-1, 1-2) 입은 의상 컬러와 신발 컬러를 맞추는 센스! 3가지 색을 넘지 마라!

포즈 (1-3) 분위기 있는 여유로움을 느껴보고 싶다면 포켓 속의 한 쪽 손을 넣어보자!

패션 무늬있는 옷을 입을 때는 무늬에 있는 컬러를 활용한다.
날씬해 보이는 블루색상의 세로 줄무늬 팬츠에 블루자켓을 매칭해보자.

1

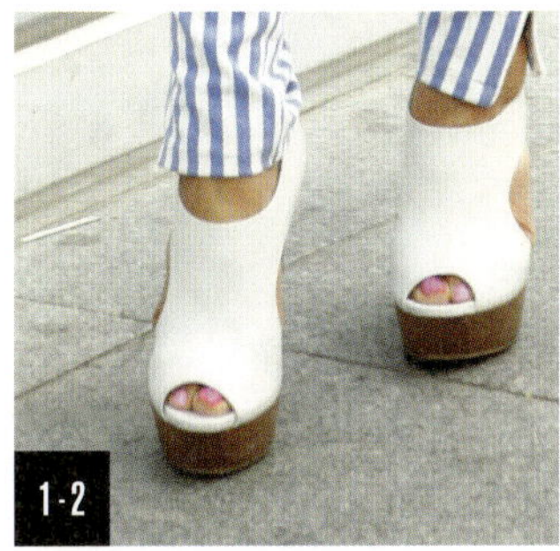

소품 (1-1, 1-2) 옷에 있는 컬러를 활용하여 화이트 세라믹 목걸이, 시원해 보이는 투명한 안경테, 화이트 웨지힐을 신어보자.

메이크업 (1-3) 피치톤의 블러셔를 넓게 바르고, 핑크톤의 블러셔를 애플존에만 바른다.

소품 ⑵ 대부분 무난하게 화이트 클러치를 선택하겠지만, 특별한 날엔 보색계열인 핫핑크 클러치를 선택해보자.

Tip!
타이트 + 헐렁함

패션 ⑶ 타이트한 스키니 팬츠, 내어입은 셔츠, 박시한 롱 자켓의 조화는 편안해 보이면서 시크해 보인다. 안감의 블루가 엣지있어 보인다.

소품 ⑶⁻¹ 참이 달린 실버 체인 목걸이를 매칭해보자.

패션 엉덩이가 크다면 디자인이 심플하고 일자로 떨어지는 팬츠가 잘 어울린다. 그린 컬러로 시선을 모아보자.

포즈 손끝을 모아보자.

1

소품 (1-1) 골드 목걸이+골드 슈즈. (옷과 가방의 지퍼나 신발 장식이 골드인지 실버인지 체크하는 센스!)

헤어 (1-2) 긴 얼굴형은 뒷 밑머리가 보이게 헐렁하게 묶고 턱선을 짧아보이게 애교머리 필수!

Tip!

블랙 ▶ 축소되어 보이나 무거워 보인다.
화이트 ▶ 확장되어 보이나 가벼워 보인다.

패션 [2] 팔이 굵거나 어깨 라인이 둥글다면 어깨 선이 분명한 옷을 입어라! 오히려 허리가 들어가 보이고 날씬하게 보인다.

헤어 [2] 어깨가 많이 올라간 옷은 자칫 목이 짧아보일 수 있으므로 머리를 묶어준다.

패션 [2-1] 블랙 쟈켓 한쪽 가슴에 헹커치프를 넣어보자 시선이 분산되어 날씬해 보일 것이다. 단, 가슴이 크신 분은 자제해 주세요~

Magic Tuesday

패션 세련되게 입는 방법 중 하나는 정장과 캐주얼을 함께 입는다. 핫핑크 자켓을 포인트로 프린트 티셔츠와 스키니진을 함께 입어보자.

메이크업 (1-1) 피부톤에서 붉은기를 잡아주는 베이스가 포인트!

헤어 (1-1) 앞머리를 옆으로 넘기면서 불륨감을 옆으로 강조해주어야 얼굴이 짧아보인다.

패션 (2) 과감하게 진 숏팬츠로 믹스매치를 해보자.

소품 (2) 실버컬러로 포인트를 준다.

패션 (3) 무늬에 있는 컬러와 자켓 컬러가 조화롭게 보인다.

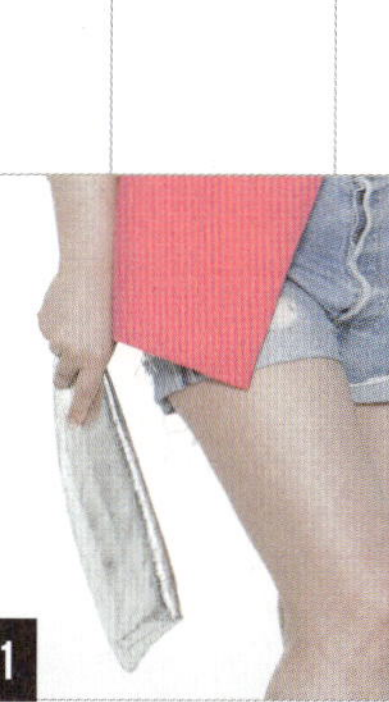

패션 티셔츠에 스키니 팬츠를 입고 스니
커즈를 신는다면 NG이다.
8등신이 아니라면 무조건 '힐'을 신어라.
티셔츠와 롱 베스트나 자켓을 매칭해야
세련되어 보인다는 사실!

1

소품 (1-1) 시선을 흰바지에 주고 싶지 않다면 모자로 시선을 모아 보자.

포즈 (1-2) 자연스러운 발 끝 터치로 엣지있는 모습을 표현 해보자.

메이크업 (1-3) 브라운 쉐도우로 눈썹을 그려 자연스럽게 표현한다.

패션 (2) 상의가 짧아서 못 입는다? 흰색 긴 민소매를 레이어드해서 입으면 가릴 곳은 가려주면서 편안하게 입을 수 있다.

헤어 (2) 5:5 가르마를 선이 보이게 하여 둥근 얼굴은 중화시켜 준다.

메이크업 (2) 언더라인 점막부분을 아이라이너로 일자로 채우고, 눈꼬리 끝 부분은 쉐도우로 진하게 해준다.

패션 빨간 스커트에 포인트를 준 원포인트 코디! 소매에 러플 달린 아이보리 베스트가 나의 엉덩이와 배를 작아보이게 할 것이다.

1

소품 (1-1, 1-2) 골드 액세서리와
구두 밑창의 골드 컬러의 매칭 센스!

Chapter 03
수요일, Mood

비오는 수요일엔 빨간장미를...
위크의 중간 일.. 지루한 일상을 전환할
분위기 있는 트렌치코트의 스타일링, 어드바이스

패션 분위기있게 옐로우와 브라운 톤으로 전체적인 색감을 조화롭게 매칭해보자.

소품 (1-1, 1-2, 1-3) 골드 스톤 목걸이와 클러치, 골드슈즈를 같은 톤으로 맞춰보자.

포즈 (1-4) 복부에 긴장감을 주자.

패션[2] 남성적인 박시한 트렌치 코트에는 여성스럽고 타이트한 스커트와 탑을 매칭 해보자. 난 여자임을 잊어선 안된다!

소품[2] 여성스런 핑크색 힐이 너무나도 사랑스럽다.

패션[3] 스키니한 카고팬츠와도 매칭해보자.

소품[3] 볼드한 액세서리와 작고 앙증맞은 백과도 매칭해 주는 센스!

패션 클래식한 하운드투스체크 트렌치 코트와 한쪽 어깨 장식이 스포티한 티셔츠와의 조화. 이것이 스트릿 패션이다. 블랙 티셔츠를 사더라도 디테일이 중요하다! 클래식한 아이템과 스포티한 아이템을 믹스해서 입어보자.

1

헤어 **(1-1)** 앞머리를 내려 그대로의 결느낌을 낸다.

메이크업 **(1-1)** 톤 다운된 색상의 핑크 립스틱으로 네츄럴함을 표현한다.

헤어 **(2-1)** 자연스러운 웨이브를 넣어 부드럽고 내츄럴한 느낌을 준다. 머리를 구겨서 스타일링 해도 된다.

메이크업 **(2-2)** 아이라인을 눈꼬리보다 좀 더 길게 하여 눈매가 길어보이게 표현한다.

메이크업 **(2-2)** 큰브러쉬에 피니시파우더를 묻혀 얼굴에 쓸어내려주어, 매트하게 표현한다.

패션 **(2)** 클래식한 트렌치 코트와 블랙과 화이트의 기본코디!

포즈 **(2)** 아무리 표현해도 손동작이 어색하다면 소품을 이용해보자!

패션 트렌치 코트하면 뭐니 뭐니 해도 버버리 베이지색 트렌치 코트이다. 자칫 뚱뚱해 보일 수 있기 때문에 이너 웨어는 타이트하고 얇게 입어서 최대한 슬림해 보이도록 허리끈을 꽉 묶어보자.

포즈 일상에서 해방되고 싶은 느낌을 표현하고 싶다면 양손을 주머니 깊숙이 넣어보자.

메이크업 (1-1) 파스텔 핑크톤
의 립스틱을 입술에 바른 후,
같은 톤의 펄이 없는 아이쉐도
우를 살짝 덧발라준다.

패션 (2) 뒤로 허리끈을 묶은 경우 :
무늬가 화려한 옷은 그 무늬 색으로 나머지는 단
색 옷으로 구성하면 세련되어 보인다. 같은 베이지
브라운 계열로 코디해보자.

소품 (2-1) 골드 워치로 포인트!

헤어 (2-1) 머리를 묶을 때, 얼굴이
각되지 않도록 애교머리를 빼는
것이 중요하다.

메이크업 (2-1) 블랙 아이라이너로
언더라인을 그려 눈매를 강조한다.

Not Bad !

뒤로 허리끈을 묶지 않은 경우:
트렌치코트에 캐주얼하게 코디
해보자. 단, 너무 많이 레이어드
하여 뚱뚱해 보이지 않도록 조
심하자.

패션 짙은 남색 트렌치 코트에
같은색 계열의 여성스러운
파란색 레이스 탑을 매칭해보자.

1

소품 (1-1) 골격이 크다면 이 정도의 빅백은 들어줘야 내 몸이 작아 보인다는 사실!

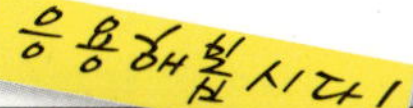

메이크업 [2] 매트하게 피부 표현을 한 후, 입자가 작은 펄하이라이트로 애플존과 앞쪽까지 하이라이트를 준다.

패션 [3, 4] 데님으로 된 트렌치 코트는 조금 무거운 것이 단점이긴 하나, 상체의 살을 조여주어 날씬해 보이는 장점이있다.

패션 안에 보이는 면적을 적게 보여라!
원피스가 내 몸의 반만 보이도록
허리끈으로 살짝 묶어주자.
Pure pleasure
is inside
youtube.com/ne

소품 (1-1) 클러치로 나의 단점을 살짝 가려주는 센스!

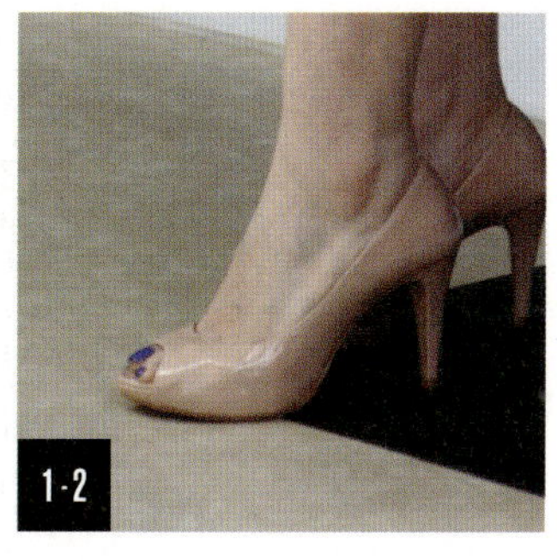

소품 (1-2) 길어 보이는 종아리를 원한다면 누드톤의 슈즈를 신는다.

헤어 (1-3) 머리를 자연스럽게 묶는다.(묶는 법 참조) 포인트 옆 애교머리로 얼굴을 커버 해보자.

메이크업 (1-3) 라벤더 컬러의 립스틱으로 분위기를 강조하자.

패션 (2) 기하학적인 무늬는 시선을 분산시켜 날씬하게 보이는데 효과적이다!
겉의 옷은 어둡게, 안에 옷은 밝게 입어서 보이는 면을 적게 연출하면 날씬해 보인다는 사실!

헤어 (2) 머리를 묶되 타이트하게 묶지말고 빠지는것들은 자연스럽게 묶고 애교머리는 남겨두자.

메이크업 (2) 파운데이션과 가벼운 텍스춰의 수분크림을 1:1로 섞어발라 빛나는 피부를 표현한다.

소품 (2) 짧은 팬턴트 목걸이와 긴 목걸이를 겹쳐보자.

패션 트렌치코트를 오픈 할 경우 끈을 뒤쪽으로 묶어 허리라인을 만들어주자.
블랙 입을 때 전체를 '면'으로 보여주면 안된다는 것! 옷을 겹쳐입어 시선을 분산시켜야 날씬해보인다.

1

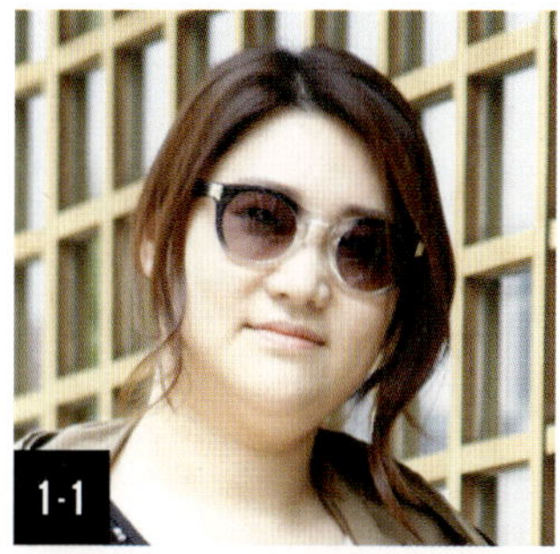

1-1

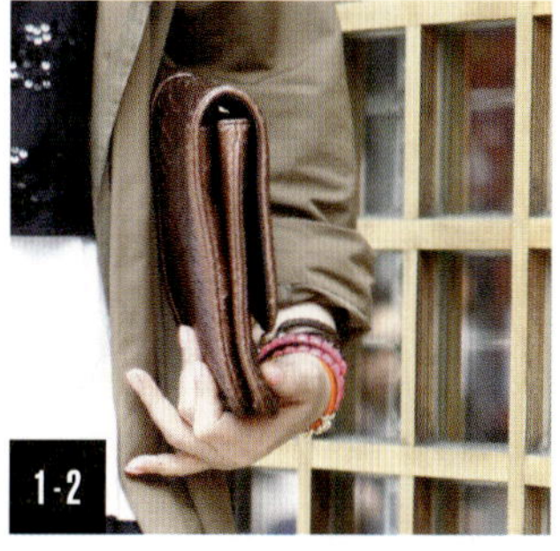

1-2

헤어 (1-1) 머리를 묶되 타이트하게 묶지말고 빠지는것들은 자연스럽게 묶고 애교머리로 남겨둔다.

메이크업 (1-1) 누드핑크톤의 립스틱으로 유러피안 스타일을 강조한다.

소품 (1-2) 가능하면 클러치는 팔에 끼지 말고 손으로 들어보자.

패션 (1-2) 내 허벅지의 사이즈를 알리고 싶지 않다면 배기팬츠 강추!

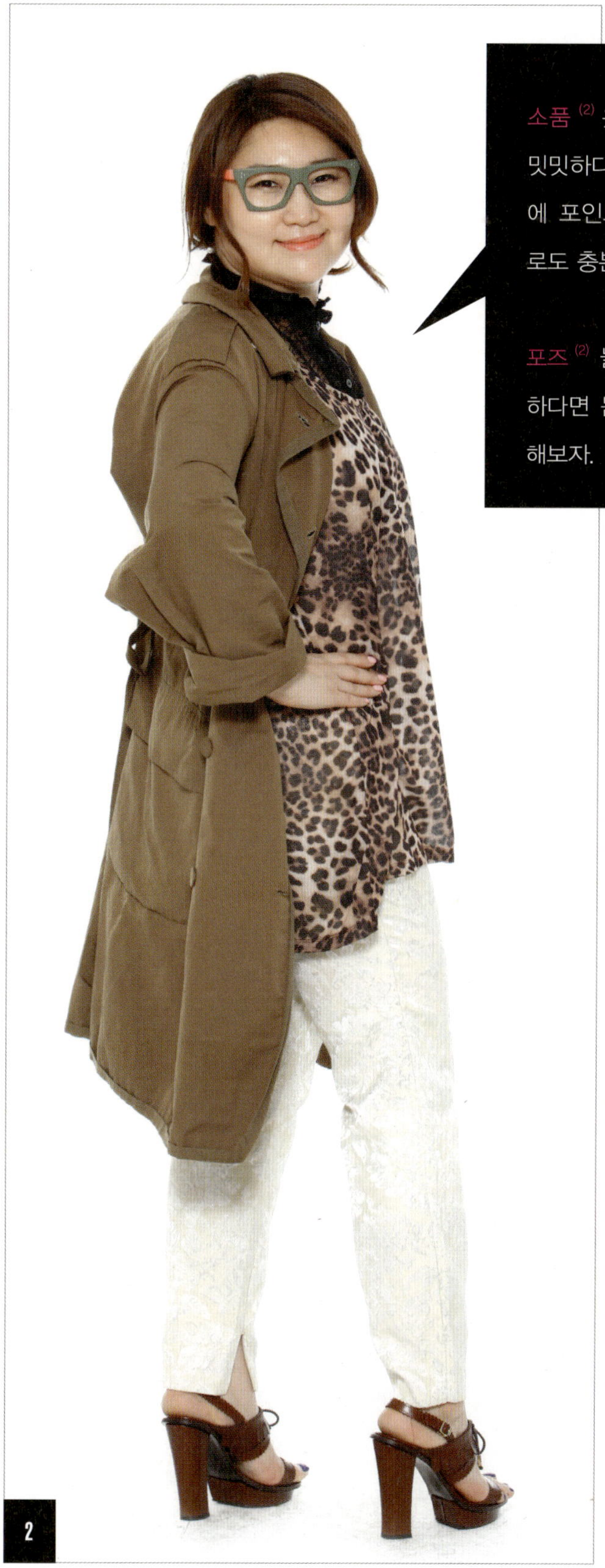

2

응용해봅시다!

소품 (2) 옷이 맘에 안들거나 밋밋하다면 액세서리나 안경에 포인트를 주자. 그것만으로도 충분하다.

포즈 (2) 늘 하는 포즈가 지루하다면 몸을 뒤로 돌려 응시해보자.

Chapter 04
목요일, My Day

나를 위한 날! 나만의 시간을 만들어보자.
취미 생활, 여가 생활, 모임도 좋다.
좋은 만남. 언제나 설레임이 있는 날
그 날을 위한 나만의, My Day..

1

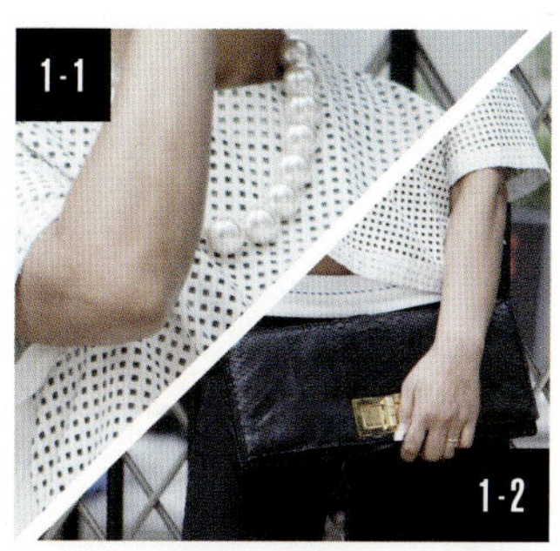

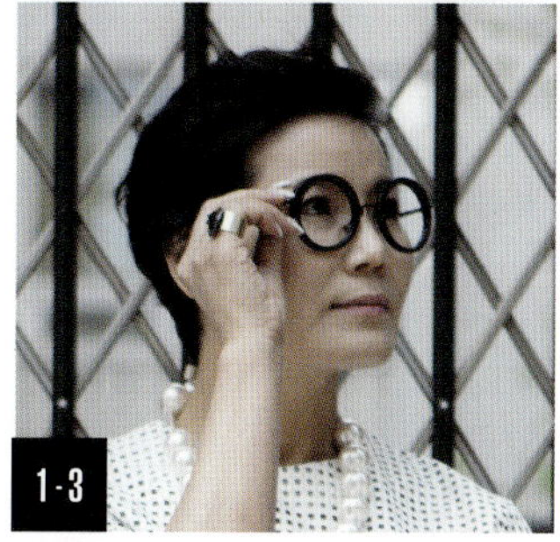

소품 (1–1, 1–2, 1–3) 심플함 대신 액세서리에 힘을 주자. 볼드한 진주목걸이+빅 클러치+포인트 반지 정도면 충분하다.

포즈 (1–3) 생각에 잠기고 싶다면 눈과 손끝의 거리를 가까이 해보자.

응용해봅시다!

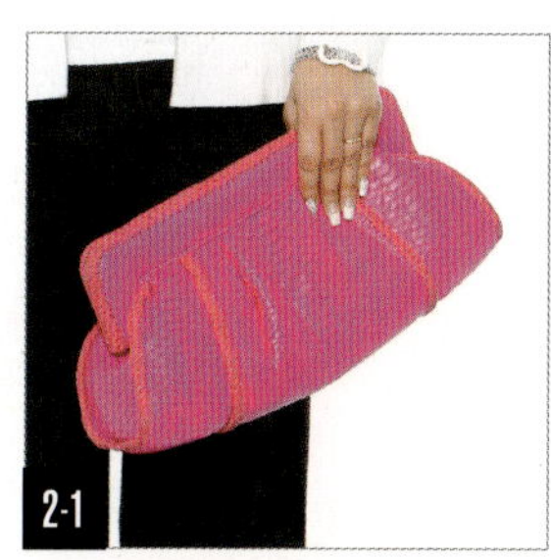

소품 (2, 2–1) 핫핑크 백을 들어 클러치에 포인트를 줘보자.

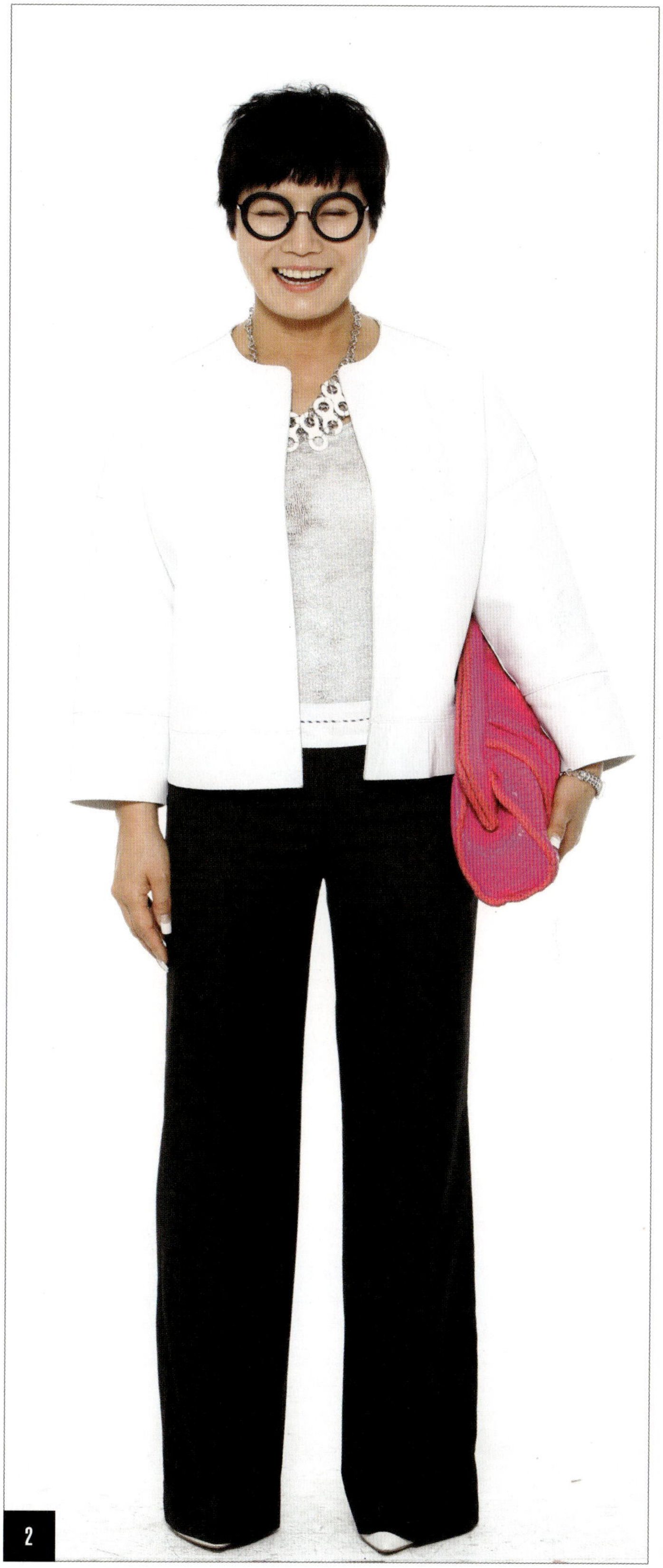

My day

패션 평소 못 입던 무늬와 컬러의 옷들을 꺼내보자. 오늘 빨간색이 끌린다면 빨간색으로 코디해보자.

헤어 이마를 보이게 위로 올리면 도발적이고 활동적인 느낌을 준다.

1

패션 [(2)] 내가 좋아하는 음악을 옷으로 표현해서 음악과 공연을 즐긴다면 한층 분위기가 업 될 것이다.
바나 실내 콘서트에서 글리터(반짝이)나 스팽글이 달린 옷이 특히 잘 어울린다.
단, 자신 있는 부위에 입어 주는 센스!

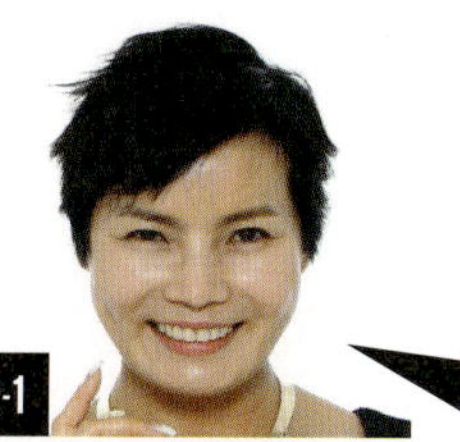

헤어 [(2-1)] 머리를 매직기로 빼죽빼죽 몇 가닥을 포인트를 주어 각진 얼굴에서 시선을 분산시켜 보자.

메이크업 [(2-1)] 언더라인을 좀 더 길게 빼준다.

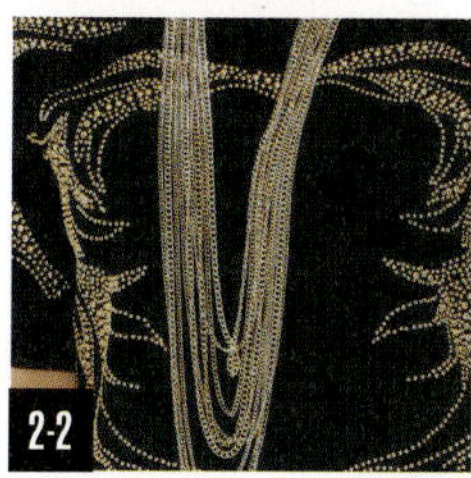

소품 [(2-2)] 여러 줄을 겹쳐서 해 보자. 더 많이 해도 좋다.

패션 평소 안 입는 롱 자켓으로 분위기를 내보면 어떨까? 오픈해서 입을 때는 이너탑과 액세서리에 신경을 써보자.

소품 브라운 가죽과 세라믹의 볼드한 액세서리로 나만의 개성을 살려보자.

1

패션 (2) 원색과 매칭할 때 중간색과도 매칭해 보자.(오렌지 컬러 + 뉴트럴 컬러) 롱 자켓을 닫아 입을 때는 비율이 중요하다.

헤어 (2-2) 옆에 볼륨감을 주고 아래쪽은 밖으로 컬을 뻗치게 하면 얼굴이 짧아 보인다.

2

3

2-2

소품 (3) 얇은 벨트로 나의 몸을 1:1.6으로 나누어 시선을 분산시켜보자.

패션 어두운 진 바지
는 벗어버리고 핑크
진 바지에 데님 자켓
을 매칭해보자!

소품 핑크 컬러가 있
는 유니크한 브로치
로 멋을 내보자.

헤어 캐주얼한 느낌
을 살리기 위해 내추
럴하게 바람에 흩날
리게 해준다.

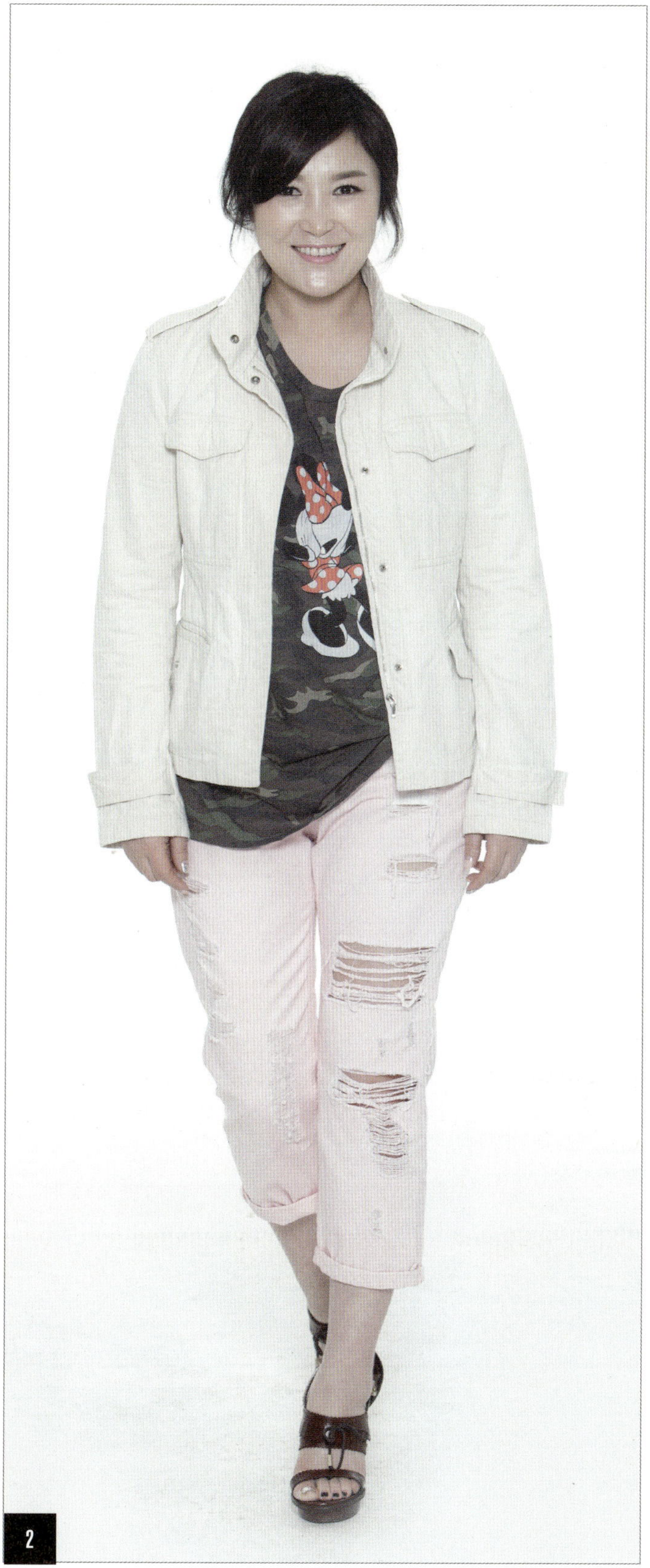

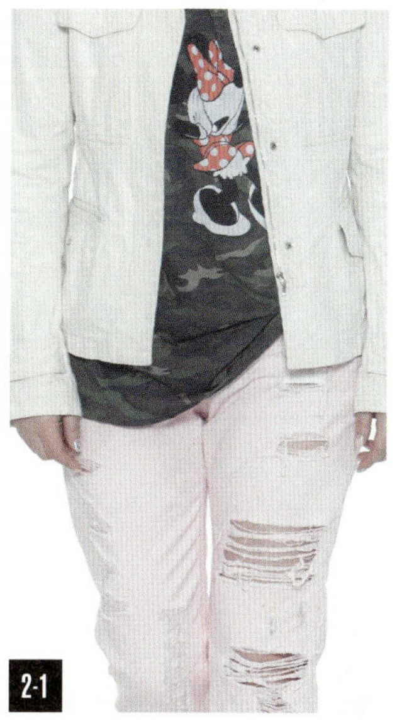

2

2-1

응용해봅시다!

패션(2, 2-1) 남성적이지만 귀여운 디즈니 캐릭터가 있는 밀리터리(군인) 티셔츠와 사랑스러운 핑크 컬러의 진 팬츠와 매칭해 보자. 참고! 남자들은 밀리터리룩을 싫어하지만 여자들끼리는 상관없다는거^^

88

Style 1

My day ●

1

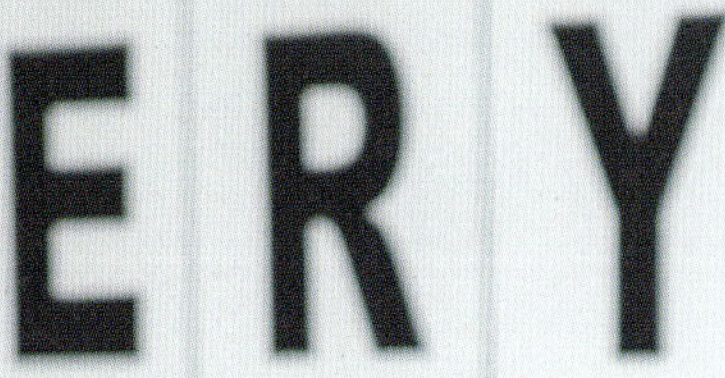

Tip! 여성적요소 + 남성적 요소

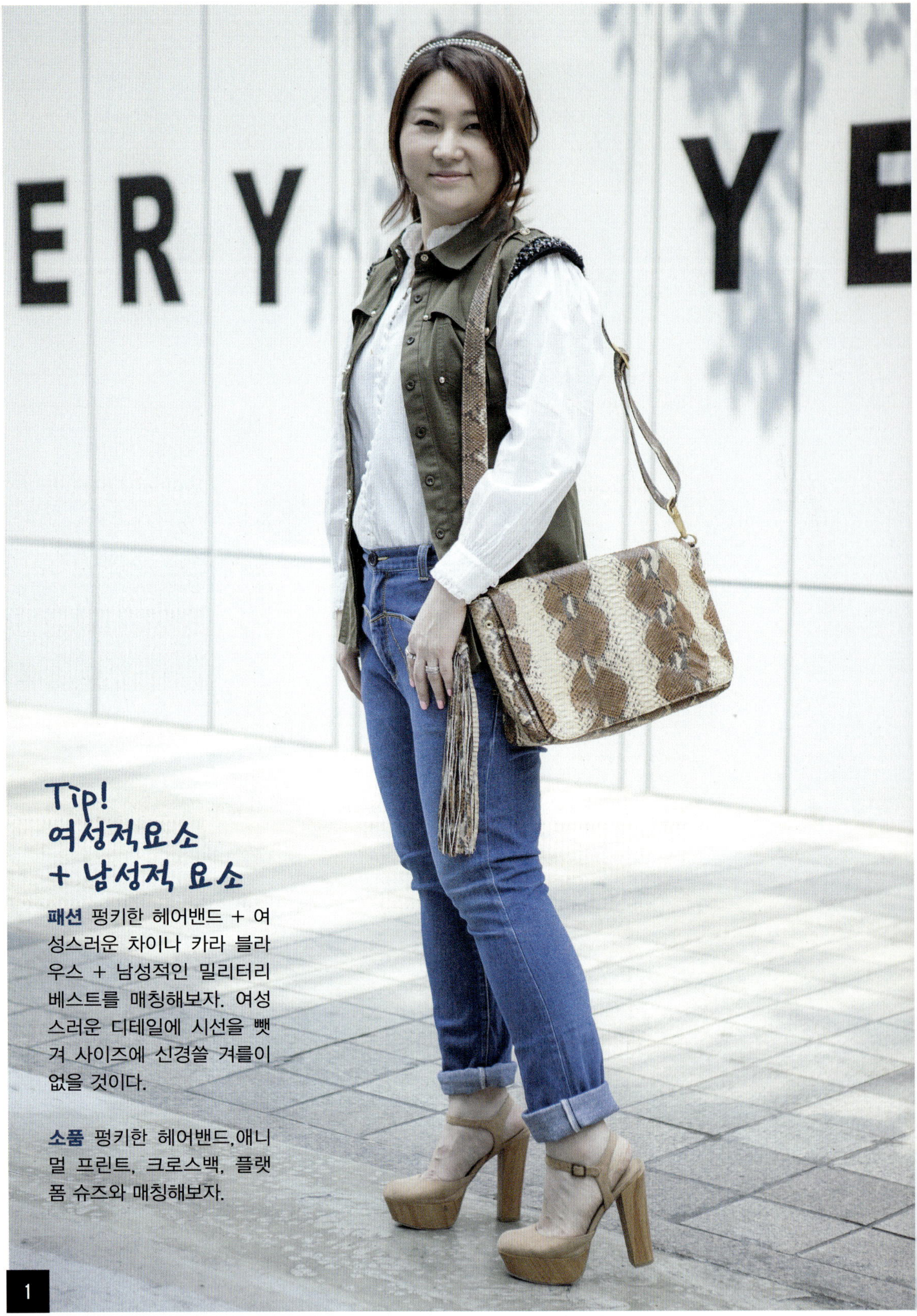

패션 펑키한 헤어밴드 + 여성스러운 차이나 카라 블라우스 + 남성적인 밀리터리 베스트를 매칭해보자. 여성스러운 디테일에 시선을 뺏겨 사이즈에 신경쓸 겨를이 없을 것이다.

소품 펑키한 헤어밴드,애니멀 프린트, 크로스백, 플랫폼 슈즈와 매칭해보자.

헤어 (2-1) 머리를 흘러내리게 살짝 묶어보자.

메이크업 (2-1) 위의 아이라인꼬리는 살짝 내리고, 언더라인은 일자로 그려서 눈매가 더 길어보이게 한다.

응용해봅시다!

패션 (2) 블랙의 슬림한 롱 베스트는 나의 단점을 가릴 수 있는 최고의 아이템이다. 다 같은 블랙의 조화가 아니다.

소품 (2) 지루할 수 있는 블랙코디에 페도라로 포인트를 줘보자.

패션 어깨 장식 만으로 자켓 어
깨 선이 살아 전체적으로 슬림
해보인다.

이너웨어 탑의 끝선이 일자로
떨어지는 것보다 V컷으로 떨어
지는 것이 더 슬림해보인다.

헤어 앞머리를 살짝 올리면 얼굴이 길어보이면서 카리스마까지 표현된다.

소품 짧은 것과 긴 목걸이를 겹쳐해주는 센스!
레드슈즈로 포인트 코디 완성.

헤어 (2-1) 편한함을 표현할 수 있게 풀어헤쳐 내린다.

포즈 (2-1) 눈빛 하나로 또 다른 분위기를 만들어 보자.

패션 (2) 물방울 프린트 가디건과 프린트 팬츠의 조화! 날씬해 보이길 원한다면 프린트를 활용해보자.

Chapter 05
금요일, Friday Night

오늘 하루만은 과감해지자
해가 지면 새로운 세상이 나를 맞이 할 것이다.

일탈의 쾌감..
오늘 하루만은 과감해지자
해가 지면 새로운 세상이 나를 맞이 할 것이다.

패션 키가 커 보이고 싶다면 원피스의 허리선을 높여라! 나도 아직 소녀시절이다. 큐트한 하이웨이스트 화이트 원피스를 입고 몸소 보여주자.

1

1-1

1-2

소품 (1-1, 1-2) 블루 컬러 세라믹 목걸이와 오렌지컬러 클러치는 보색 코디로 경쾌하고 발랄하게 표현된다.

헤어 (1-3) 자연스럽게 2:8로 넘기되 살짝 뻣치게하여 시선을 분산시켜준다.

1-3

1-4

1-5

1-6

메이크업 (1-5) 아이브로우 브라운 마스카라로 눈썹을 살짝 빗어준다면 부드러운 이미지가 연출된다.

포즈 (1-6) 드레스 한 쪽 끝을 살짝 잡아 올려 청순함을 표현해보자.

2-1

메이크업 [2-1] 깔끔하게 아무 결없이 둥근 느낌으로 드라이를 해보자. 각진 얼굴이 부드러워 보인다.

패션 [2] 화이트색상 탑 소매의 디테일만으로도 여성스러움을 표현할 수 있다.

2

3-1

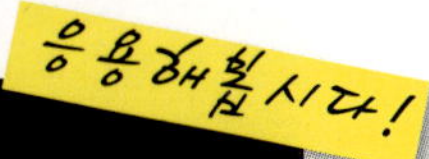

포즈 ⁽³⁻¹⁾ 뒷목을 잡은 손끝의 표현으로 매혹적 세련미를 연출해보자.

패션 ⁽³⁾ 레이스탑으로 여성스러움을 표현해보자.

소품 ⁽³⁾ 레드컬러가 부담스럽다면 화이트 진주 목걸이와 매칭해보자.

3

Friday night ●

패션 드러내는 것만이 섹시가
아니다. 드러내지 않고도 얼마
든지 섹시할 수 있다. 주름과
트임이 있는 블랙 바디 수트
팬츠로 자신감있게 나를 표현
해보자.

소품 여러개의 액세서리를 겹
쳐서 볼드하게 해보자. 나의
단점을 커버해 줄 것이다.

헤어 **(1-1)** 자연스럽게 2:8로 넘기되 살짝 뻣치게하여 시선을 분산시켜준다.

패션 [(2)] 심플하면서 섹시하게! 튜브드레스가 부담스럽다면 가죽자켓을 살짝 걸쳐보자.

소품 [(2-1)] 액세서리를 하고싶다면 다른 액세서리말고 안경에만 포인트를 주자. 옷에 있는 장식만으로도 충분하다.

메이크업 [(2-2)] 붉은 계통의 립스틱을 손가락으로 톡톡 두드려 발라 자연스럽게 표현한다.
이마 헤어라인부터 양턱선까지는 음영을 넣어(쉐딩) 얼굴이 작아보이게 하자.

패션 호피 프린트 자켓에 포인트를 주고 가죽 숏 팬츠와 매칭하여 자신있는 한 부위만 노출해도 충분히 섹시하다.

소품 롱 골드 목걸이로 자켓 안의 블랙 면적도 나누어 시선을 분산시켜주자!

1

패션 ⁽³⁾ 레깅스+시스루 원피스, 시스루 원피스+
라이더 자켓을 매칭하여 내몸을 1:1.6으로 나누어
라! 섹시하면서 날씬해 보이지 않는가?

응용해봅시다!

패션 ⁽²⁾ 다른 호피 자켓과도 매칭해보자. 블랙
의 면적을 적게 보여줘야 날씬해 보인다!

2

패션 고급스러운 디너 모임에는 여성스러움을 잃지 말아야 한다. 식사에 방해가 되는 과도한 장식이나 액세서리는 피한다. 우아한 드레스를 입어야 한다면 드레이퍼리 하이웨이스트 드레스를 선택해 보자! 높은 허리선이 뱃살을 가려 주며 옷의 주름들이 몸을 줄여 줄 것이다.

포즈 (1-2) 갸우뚱~ 고개 하나
로 매혹적인 여성미를 연출해
보자.

소품 (1-2. 1-3) 3줄의 진주목걸이와 진주 클러치로
고급스러움을 더해보자.

패션 (2) 원피스 드레스 하나만 입기 부담
스럽다면 볼레로를 입어보자! 노출만이
정답은 아니다.

헤어 (2) 바깥머리는 뻗치되, 중간 머리에
자연스러운 흐름을 준다. 너무 스트레이
트하면 긴 얼굴은 더욱 더 길어 보인다.

메이크업 (2) 속눈썹 점막 사이사이를 리
퀴드 아이라이너로 메꿔 주고, 언더라인
눈 앞쪽에 화이트 펄을 발라 눈동자가
커보이게 표현한다.

포즈 (2) 여성스러움이 좀 더 돋보이도록
어깨에 힘을 빼보자.

패션 어깨장식이 둥근 어깨를 커버해주고, 벨트가 나의 몸을 X자형으로 만들어 날씬하게 보인다.

헤어 (1-1) 얼굴을 살짝 감싸 주면서 단발머리 같은 느낌을 살짝 살려 섹시하게 연출한다.

1-1

소품 [2] V자형 프린트로 시선을 분산시켜보자 V자형 프린트 마저도 시선을 분신시키기위해 긴 목걸이를 해주었다.

헤어 [2] 머리를 포니테일로 묶어 섹시함을 발산해 보자. 묶는 높이에 따라 느낌이 달라진다. 위로 올릴수록 어려보인다.

포즈 [2] 손가락을 모아 허리 위로 좀 더 올려보자.

2

3

패션 [3] 프린트로 시선을 분산시킨다. 드레시한 원피스 하나만 입기 부담스럽다면 위에 자켓을 입어보자

메이크업 [3] 핫한 오렌지립스틱을 바른 후, 티슈로 한 번 묻혀내 유분기를 없애준다. 헤어는 와일드하게 텍스처를 살려 섹시하게 연출한다.

Friday night ●

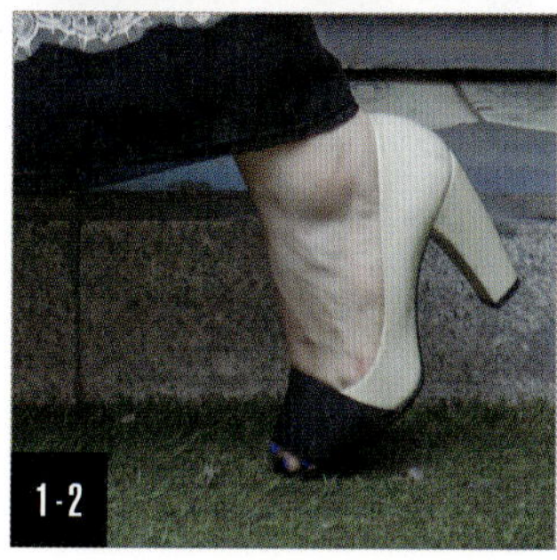

헤어 (1-1) 여성스러움을 강조
하고 싶다면 청순한 반묶음머
리로 연출한다.

포즈 (1-2) 한쪽 다리를 살짝
들어 올려 청순가련한 나를 표
현해본다.

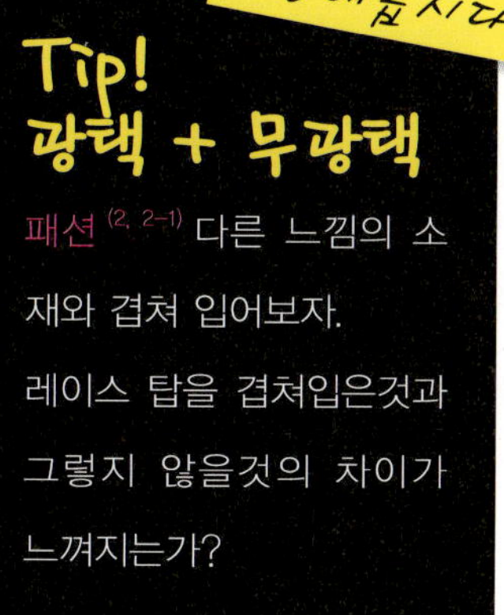

패션 (2, 2-1) 다른 느낌의 소
재와 겹쳐 입어보자.
레이스 탑을 겹쳐입은것과
그렇지 않을것의 차이가
느껴지는가?

Chapter 06
토요일, Let's go out

일상에서의 탈출!
포멀한 옷들이여 안녕~
긴장한 육체에게 쉼을
묶여있는 정신에게는 자유를!

Let's go out ●

패션 다양한 짧은 숏 팬츠로
다리를 길어보이게 연출하자.
밀리터리 쟈켓에 여성스런 블
라우스와 매칭해보자.

1

메이크업 (1-1) 소프트핑크 립스틱으로 포인트를 준다.

패션 (2) 야상에 호피 숏 팬츠와 디테일이 있는 기본 티셔츠를 매칭해보자.

패션 (3) 루즈한 블라우스가 편안해보이면서 여성스러워 보인다.

Let's go out ●

패션 스트라이프 무늬와 롱 베스
트는 체형의 단점을 커버해 준다.
앞 뒤가 다른 레깅스가 내 다리를
날씬해 보이게 해줄 것이다.

1

1-1

1-2

포즈 (1-1) 상체를 앞으로 숙여 상큼하고 사랑스러운 나를 표현해 보자.

메이크업 (1-2) 마스카라와 아이라인으로 눈매를 강조한다.

소품 (1-2) 챙이 넓은 모자는 얼굴을 작아 보이게 해준다는 사실!
모자를 쓸때와 안 쓸때의 느낌이 다르다.

2

2-1

메이크업 (2-1) 코랄누드색상의 립스틱을 발라서, 내츄럴하게 표현한다.

헤어 (2-1) 깨끗한 머리에 스프레이를 뿌려 헝클어진 느낌으로 내츄럴한 스타일을 연출해보자.

소품 (2) 노란색 티셔츠에 포인트를 주고 볼드한 목걸이로 스타일리쉬함을 더해보자.

Let's go out ●

패션 활동성 높은 평상복으로 일상을 탈출해보자. 신체의 장점인 부위에는 튀는 소품이나 반짝이는 컬러로, 그렇지 않은 부위에는 무광이나 어두운색으로 매칭해보자.

1

헤어 (1-1) 옆 볼륨을 살리고 뻣침 스타일로 상하 방향보다는 좌우 방향에 초점을 둔다.

메이크업 (1-1) 피치톤과 브라운톤 쉐도우를 눈두덩이에 넓게 펴서 바른다.

포즈 (1-1) 활짝 웃는 표정으로 즐거운 여유로움을 표현한다.

패션[2] 밝은 엘로우 숏 팬츠를 입고 와인색 백에 포인트를 주어 외출해 보자.

메이크업[2] 이마 헤어라인부터 아래턱 선까지 쉐딩을 넣어준다.

패션 핑크와 그린의 보색 컬러로
외출의 즐거움을 더해보자.

가리는 것만이
답은 아니다.

1

패션[2] 오렌지 컬러를 포인트로 사파리 자켓과 미니 스커트를 매칭하여 경쾌함을 주자.

메이크업[2] 눈꼬리 끝을 강조해준다.

소품[3] 유사계열인 노란색 백과 매칭해보자. 상큼함이 플러스된다.

2

Let's go out ●

1

메이크업 (1-1) 속눈썹을 바짝 올려 마스카라로 눈매를 강조한다.

소품 (1-1) 롱 골드목걸이로 마무리해주는 센스!

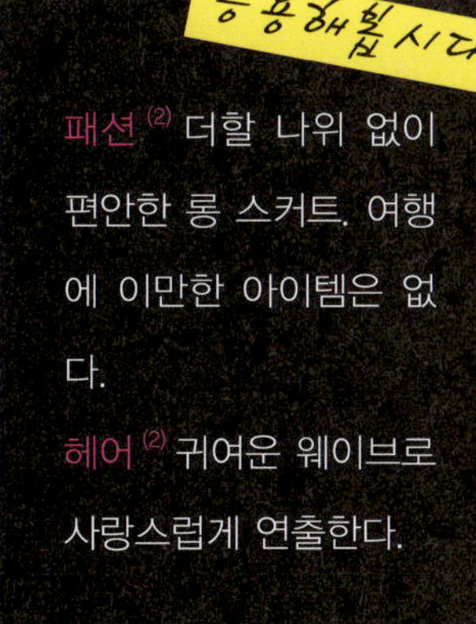

패션 [2] 더할 나위 없이 편안한 롱 스커트. 여행에 이만한 아이템은 없다.

헤어 [2] 귀여운 웨이브로 사랑스럽게 연출한다.

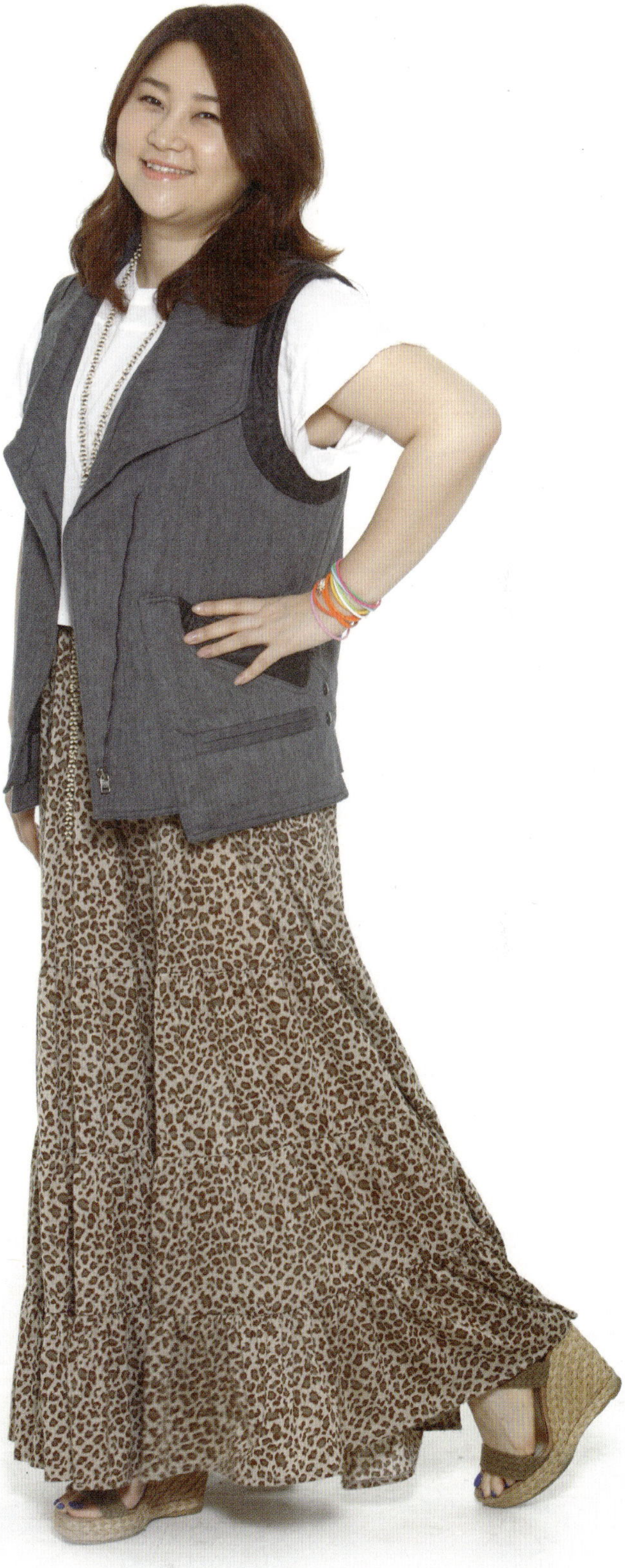

Let's go out ●

1-1

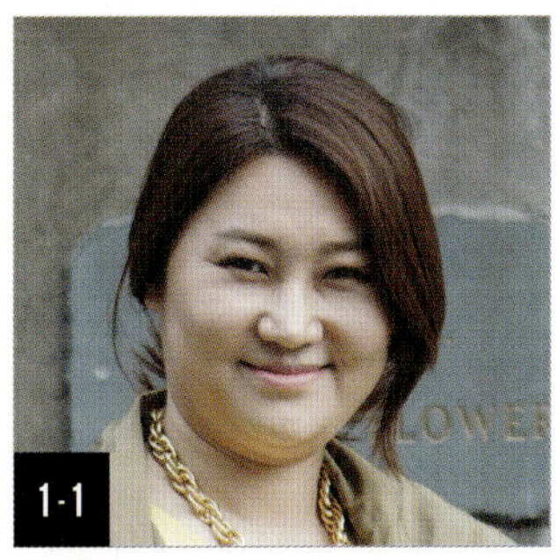

메이크업 (1-1) 매트한 핑크 립스틱으로 큐트함을 표현한다.

응용해봅시다!

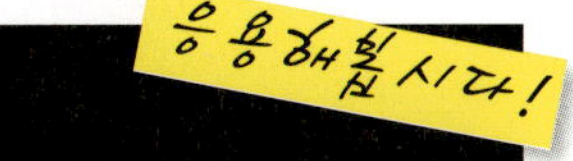

패션 (2) 여성스러운 물방울 무늬 블라우스와 야상을 매칭해보자.

헤어 (2) 청순한 생머리로 연출해보자.

2

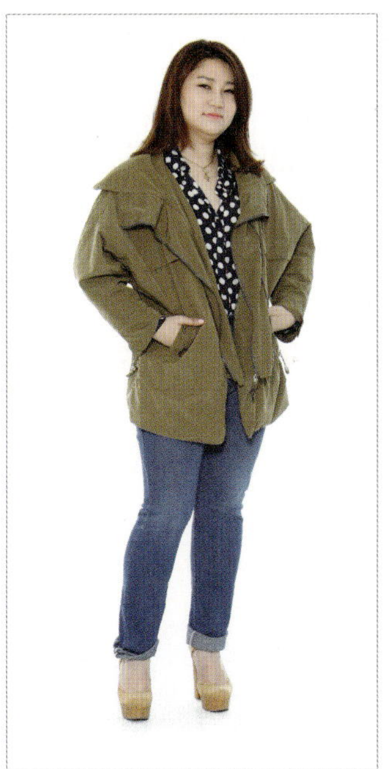

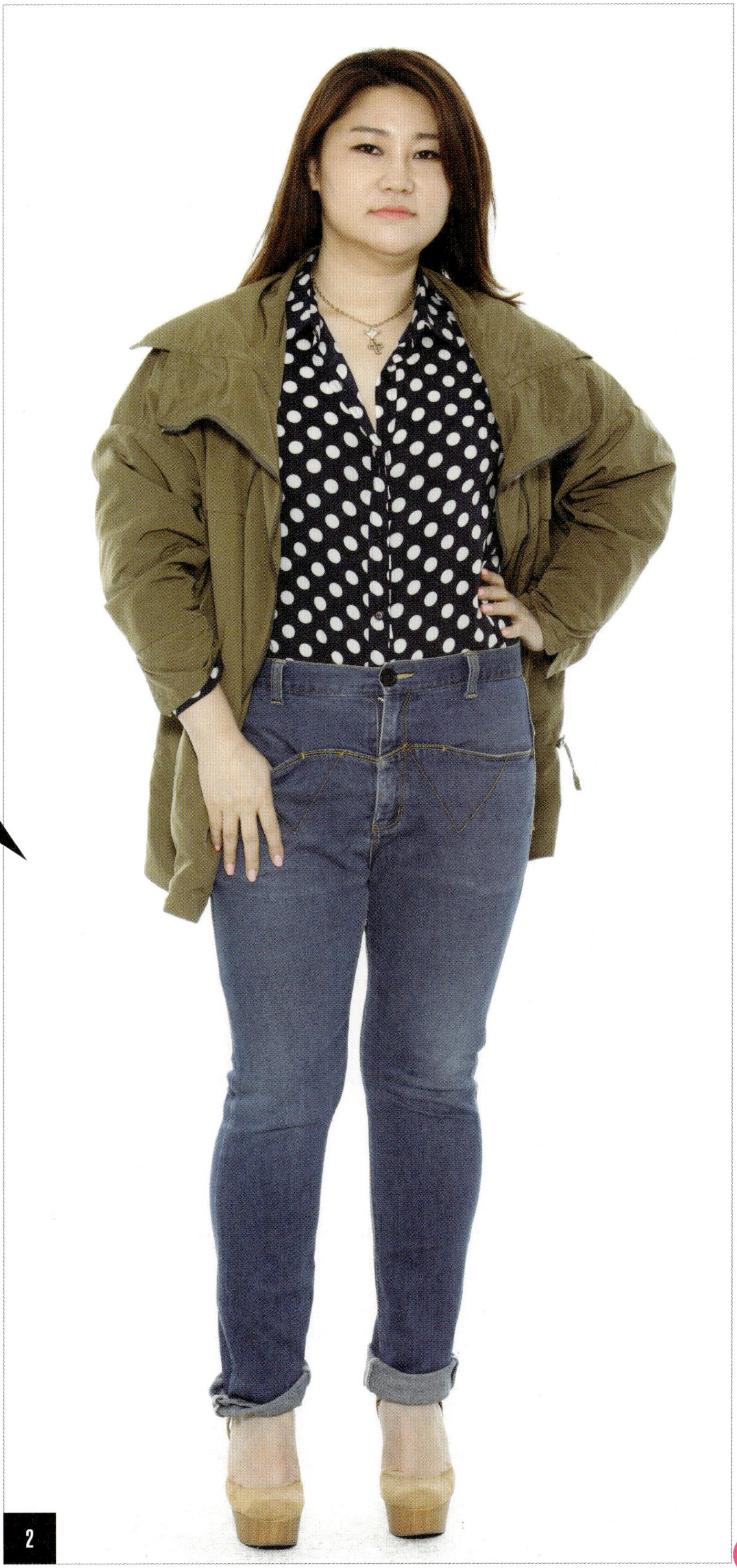

Chapter 07
일요일, Ready to week

New day, New start
다음 한 주를 위한 새로운 시작이며 충전의 시간.

패션 운동복도 스타일리쉬하게 입어
보자. 보색 컬러로 레깅스와 숏팬츠를
겹쳐 입어보자. 노랑 + 보라

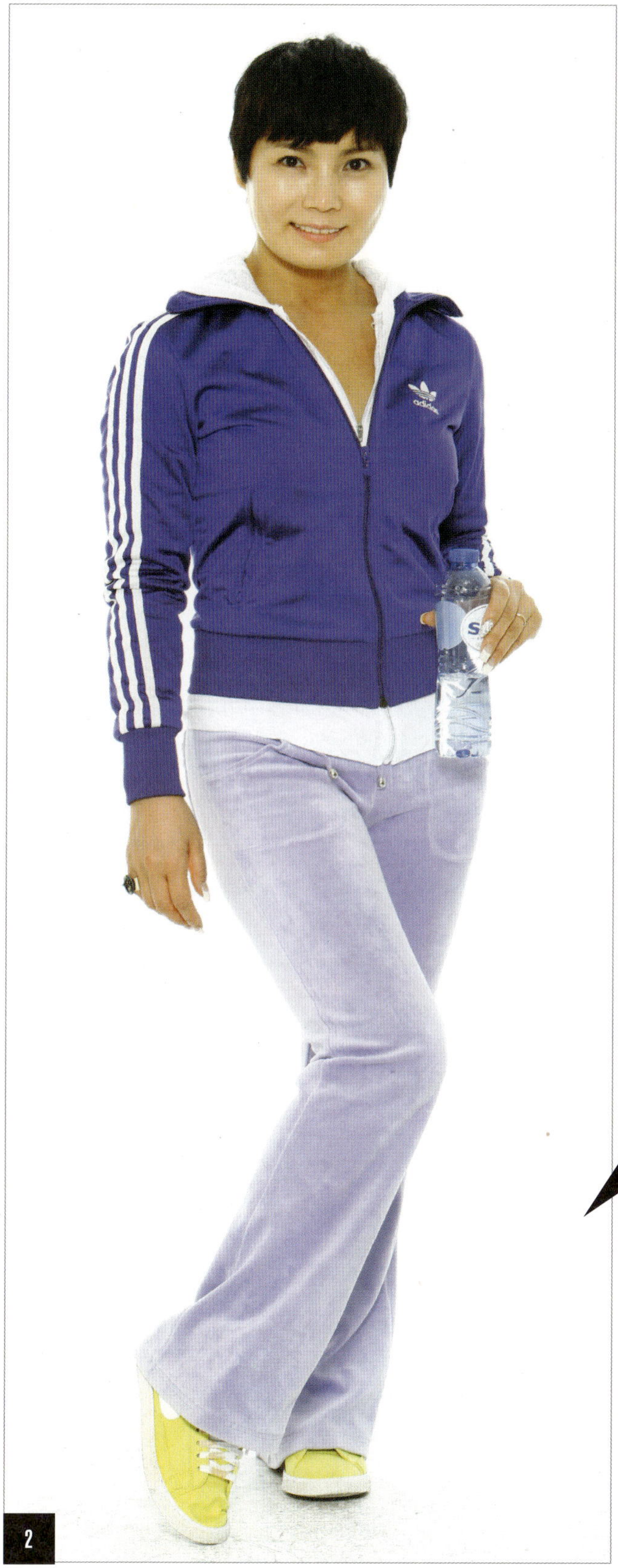

2

응용해봅시다!

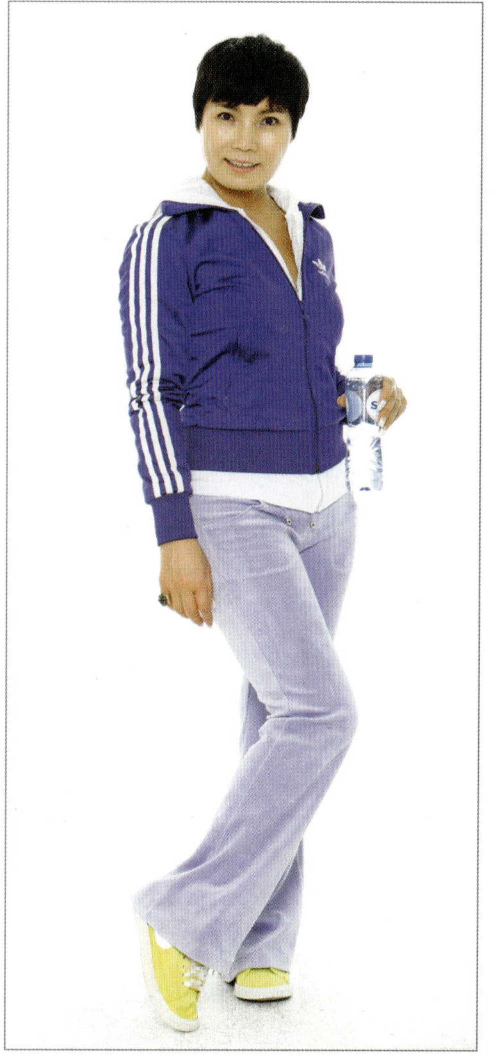

패션 (2) 보라색 계열의 한 벌 트레이닝 복에 보색인 노란색 운동화를 신어 보자.

포즈 (2) 다양한 일상적인 소품을 이용해 자연스러운 모습을 표현해 보자.

패션 쇼핑갈 땐 한 번에 벗을 수 있는 원피스가 최고다. 슬리브리스 원피스가 부담스럽다면 살짝 가디건을 어깨에 걸쳐 보자.

메이크업 BB와 립스틱으로 릴렉스하게..

소품 오버사이즈 선글라스는 쇼핑의 필수 아이템이다.

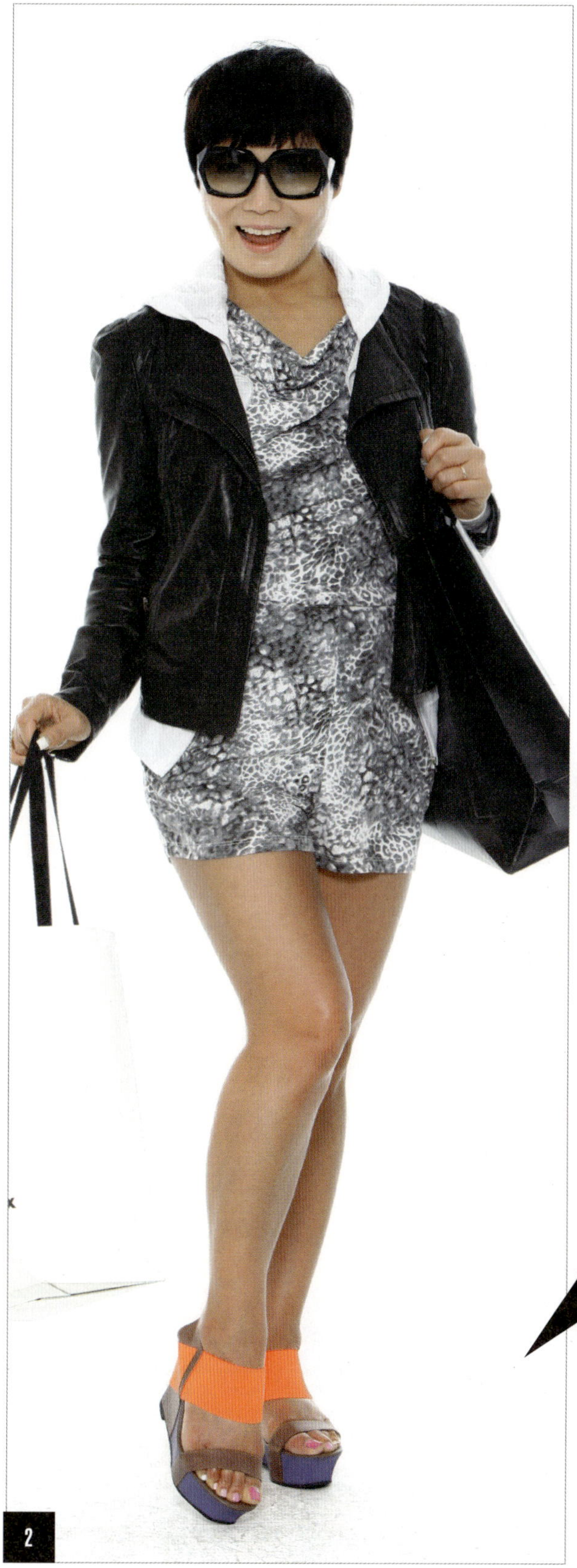

3

패션 (3) '박스 면티셔츠+프린트 레깅스' 또는 '박스 면티셔츠+ 찢어진 청바지'를 매칭해보자.

응용해봅시다!

패션 (2) 쇼핑 때 계획한 옷에 맞추어 옷을 입고 나가거나, 기본 아이템을 입고 나가자! 쇼핑하러 갈 때는 절 대 초라해 보여서는 안된다!

2

패션 집에 있다가도 롱 베스트 하나면 외출 이상 무!

메이크업 브라운 쉐도우와 브라운 아이브로우 펜슬로 눈썹을 깔끔하게 그려보자.

소품 골드 체인목걸이와 미니백으로 마무리!

1

패션 (3) 캐릭터 티셔츠에 데님자켓은 찰떡 궁합! 집에
있다 나온티를 내지 않는게 중요하다.

응용해봅시다!

패션 (2) 셔츠에 있는 오렌지 컬러를 활용하여 같은
색상의 바지를 매칭해보자.

패션 운동복도 패셔너블하게! 레깅스에 반바지 겹쳐 입기! 후드티 밑단의 비대칭 라인이 시선을 분산시켜 슬림해 보이는 효과를 얻을 수 있다.

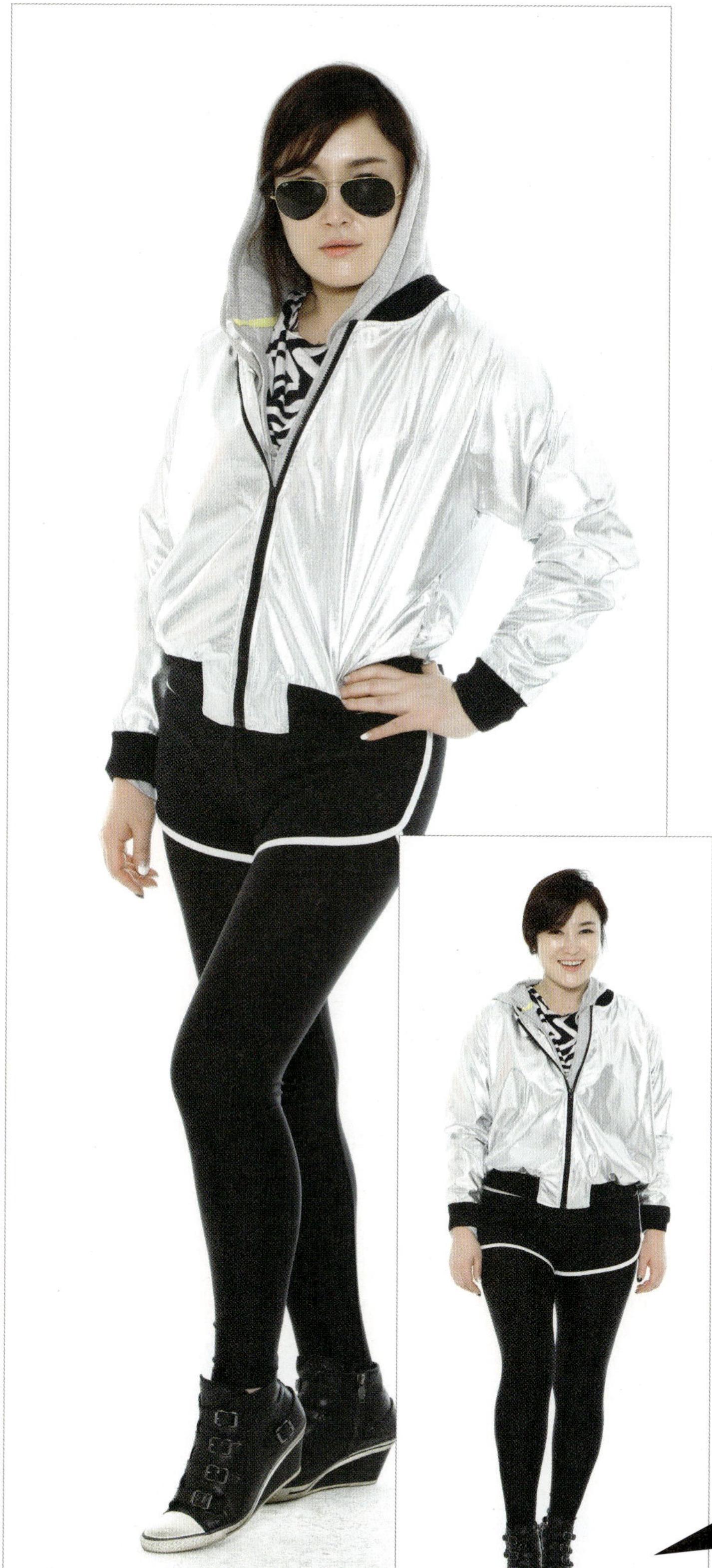

이지캐주얼

패션 (3) 스타일리쉬 홈패션!
프린트 파자마와 컬러풀한
후드집업을 매칭해보자.

응용해봅시다!

패션 (2) 실크 점퍼와 매칭하여
스타일리쉬하게 산책하러 나가보자.

패션 세미 힙합 츄리닝 스타
일! 후드 점퍼의 가슴과 소
매의 컬러 조합은 나를 조그
맣게 보이게 할 것이다.

메이크업 크림타입과 리퀴
드 타입의 파운데이션을 섞
어 발라 매트하게 표현한다.

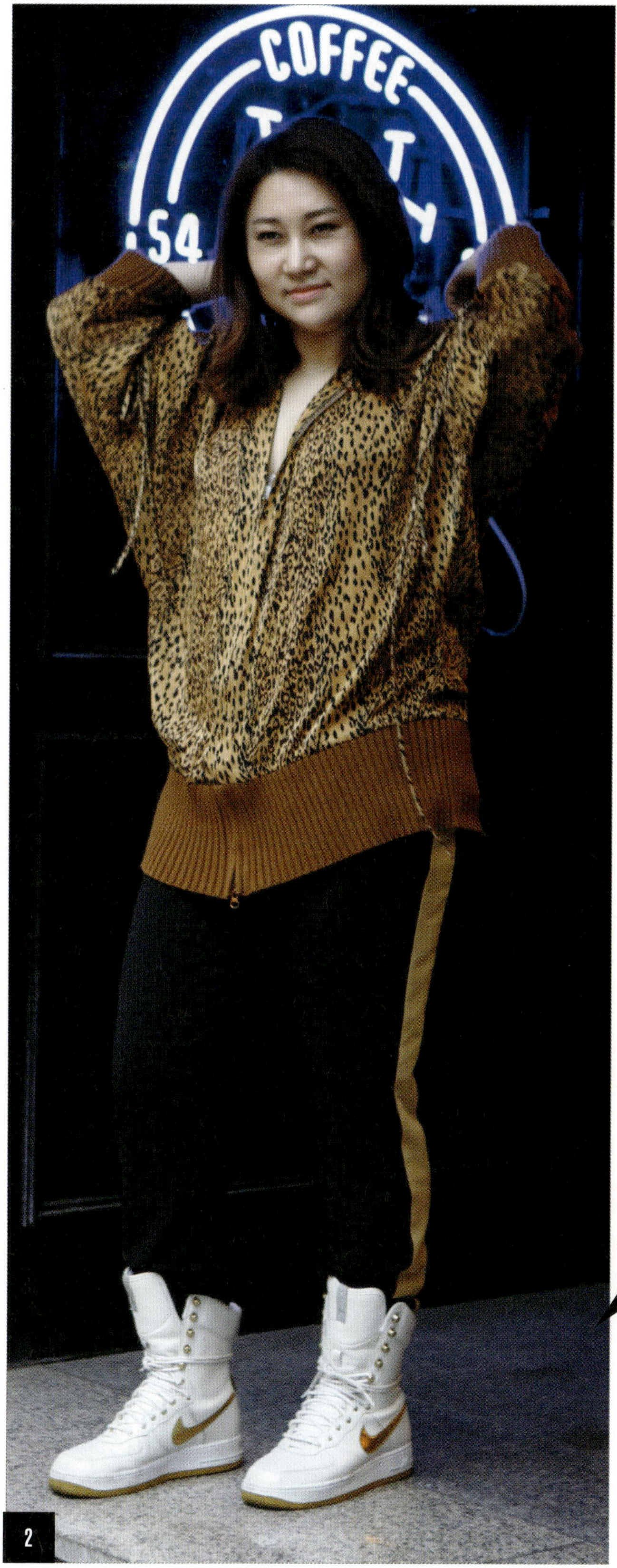

2

3

이지캐주얼

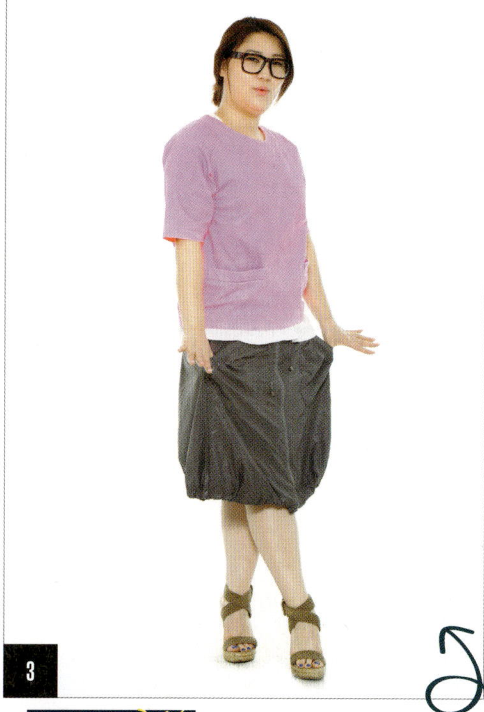

패션(3) 스커트 가운데의 하나의 디테일도 놓치지 않는 센스!

메이크업(3) 핫 핑크 립스틱을 전체적으로 연하게 바르고, 티슈로 한번 묻혀낸 후 입술중앙에만 한 번 더 덧발라준다.

응용해봅시다!

패션(2) 레오파드 후드 탑+테이핑 팬츠+하이탑 운동화의 매칭으로 연예인 트레이닝 패션으로 변신해보자.

포즈(2) 어깨 위로 두 손을 올려 유혹적인 여성의 모습을 표현하자.

웨딩 스타일링

패션 머메이드 라인으로 길어
보이게 연출해보자.

1

헤어 (1-1) 짧은 머리일 경우는 드레스와 코사지 장식에 비중을 두어 드레스를 돋보이게 한다.

메이크업 (1-2) 핑크와 피치톤 블러셔를 믹스해 넓게 발라준다.

소품 (1-2) 갸름해 보이도록 긴 형의 귀걸이를 해보자.

메이크업 (1-3) 레드핑크톤의 립스틱으로 포인트를 준다.

포즈 (1-4) 뒷테의 아름다움을 표현하고 싶다면 복부에 힘을 주고 척추를 활의 모양처럼 만들어보자.

소품 (3) 귀여움이 강조된 프린세스 라인의 드레스에 잘 어울리는 화관을 써보자.

포즈 (2) 웨딩에서 귀여움을 표현하고 싶다면 손의 위치를 가슴 위쪽에서 다양하게 표현해보자.

1

헤어 (1-1) 머리는 위쪽 볼륨을 주는 것보다는 뒤쪽 볼륨을 주어 풍성한 느낌을 준다. 복고스러우면서 진주가 박힌 헤어밴드로 복고머리를 더 강조해보자.

메이크업 (1-2) 매트한 레드톤의 립스틱으로 포인트를 준다.

포즈 (1-3) 양손을 배꼽 아래 다소곳이 모으고 어깨에 힘을 빼고 균형을 잡아 쇄골의 라인을 살리자.

포즈 (1-4) 고급스러운 신부를 표현하고 싶다면 골반 위에 손을 살포시 올리고 한 쪽 다리를 몸의 중앙으로 높이 올려주자.

패션 (2) A라인 드레스로 어깨 라인을 깊고 넓게 연출하면 팔이 얇아 보인다.

포즈 (2) 양 손을 배꼽아래 다소곳이 모은 후, 어깨에 힘을 빼고 균형을 잡아 쇄골의 라인을 살리자.

패션 슬림 A라인 드레스로 몸
매를 드러내라. 감추는 것만이
답은 아니다.

패션 슬림 A라인 드레스로 몸
매를 드러내라. 감추는 것만이
답은 아니다.

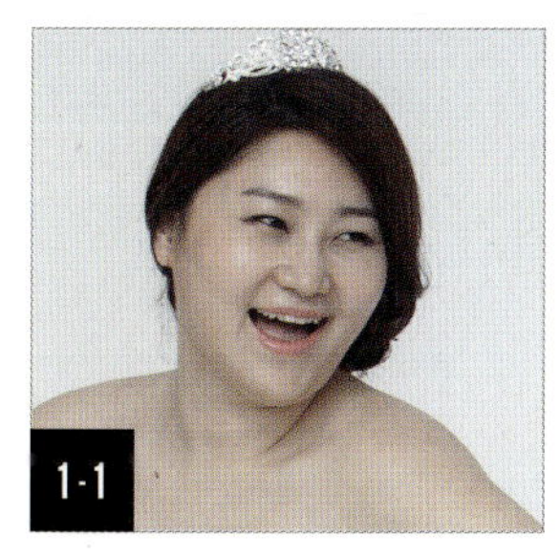

1·1

헤어 (1-1) 한쪽 귀를 드러내어 둥근 얼굴을 길어보이게 해주고 다른 쪽은 아래쪽에 번을 만들어 귀여우면서 우아한 느낌을 살려 표현한다.

메이크업 (1-1) T존 부위와 애플존 앞쪽으로 하이라이트를 주어 입체감 있게 표현한다.

Wedding Day

당당녀 3×5법칙

컬러, 무늬, 선 x 형태, 비율, 재질, 디테일, 액세서리

– 먼저 컬러, 무늬, 선 3가지 중 선택하고 다음으로
형태, 비율, 재질, 디테일, 액세서리 순으로 5가지를 생각하라.

1. **무늬와 컬러** 중 선택하여 옷을 입어라.

2. 옷에 있는 무늬와 컬러를 활용하여 **3가지 컬러**가 넘지 않도록 해라.

3. **바지와 구두 컬러**를 맞춰야 다리가 길어 보인다.

4. **블랙**은 축소되어 보이지만 **무거워** 보인다는 사실을 잊지 마라.

5. 신체 중 가장 **넓은 선**에 시선이 가지 않도록 해라.

6. 내 몸을 **가리려**는 순간 더 커 보인다는 것을 잊지 마라.

7. 보이는 **면적**을 적게 보여라.

8. **X자형**과 **Y자형** 실루엣을 만들어라.

9. **비율(1:1.6)**을 생각하고 내 몸을 1:1.6의 황금비율로 나누어라.

   다른 액세서리 없이도 날씬해 보일 것이다.

10. **타이트**함이 있으면 어느 한 부분은 **헐렁**함이 있어야 한다.

11. **광택 소재**는 **무광택** 소재와 함께 입어라.

12. 블랙 & 화이트는 **디테일**이 중요하다.

13. **정장**스타일과 **캐주얼**, **클래식**과 **스포티**함을 믹스 매치하라.

14. 어떤 옷이든 **여성적인 요소**를 가미해라. 나는 여성임을 잊지 마라.

15. 나만의, 나다운 스타일로 **당당**하게 보여줘라!

Thanks to ♥

이 책을 완성할 수 있도록 도와주신 많은 분들에게 진심으로 감사드립니다.

모델로서 많이 부족한 저자 세 명의 포즈와 자세를 걱정하여 귀한 시간을 내주신 DCM 모델 아카데미의 노선미 원장님, 날씬한 체형이 아님에도 불구하고 아름답게 보이도록 드레스 협찬과 피팅을 해주신 라비쥬마리에 김선정 원장님, 옷을 더욱 돋보이도록 필요한 액세서리를 손수 만들어 협찬해 준 BS 부띠크의 김부선 작가님, 요일별 룩을 더욱 컬러풀하고 럭셔리하게 완성하도록 클러치 백을 협찬해 주신 성현희 대표님, 예쁘고 아름답게 그려주시고 꾸며주신 메이크업의 김태린 원장님 헤어의 흠바 선생님, 모델처럼 멋지게 찍어주신 Zip 스튜디오의 임민철 실장님, 박현진 님, 이승한 님, 세 여자의 열정과 노력에 직접 응원 와주신 모델 라인의 이재연 회장님, 아이디어를 처음 내었을 때 더 관심을 가져주신 영림미디어의 이혜미 대표님과 끝까지 편집으로 애써준 전지영 대리님, 최서예 디자이너, 끝으로 촬영 중에 저희를 바라보며 미소를 지어주신 미래의 독자들에게 진심으로 감사드립니다.

여성들이여 당당 하라!
일과사랑, 패션 모든 일에 완성이란 없다.
알아가고 만들어가고 완성해가는 것,
지나간 시간은 다시 오지않는다.
순간순간 후회 없도록 솔직하고 당당하게 표현해보자.
우리는 지금도 충분히 아름답다는 것을...

협찬사

ZIP스튜디오 02-516-0042

라비쥬마리에 웨딩 02-542-2928 www.laviju.com

BS 부티크 010-2889-8428

핸드메이드 클러치 백 010-9230-3555

알롱제 웰니스 전문학교 02-3444-9200 www.allonge.kr

정운 뷰티 공감 02-544-4706 www.beautyokam.com

더 이미지 컨설팅 02-529-0772 www.theimage.kr